まとめサイトをつくろう！

PukiWiki入門

増井雄一郎
天野龍司
大河原哲
miko
著

本書内容に関するお問い合わせについて

このたびは翔泳社の書籍をお買い上げいただき、誠にありがとうございます。弊社では、読者の皆様からのお問い合わせに適切に対応させていただくため、以下のガイドラインへのご協力をお願い致しております。下記項目をお読みいただき、手順に従ってお問い合わせください。

●ご質問される前に
弊社Webサイトの「正誤表」や「出版物Q&A」をご確認ください。これまでに判明した正誤や追加情報、過去のお問い合わせへの回答（FAQ）、的確なお問い合わせ方法などが掲載されています。

正誤表　　http://www.seshop.com/book/errata/
出版物Q&A　　http://www.seshop.com/book/qa/

●ご質問方法
弊社Webサイトの書籍専用質問フォーム（http://www.seshop.com/book/qa/）をご利用ください（お電話や電子メールによるお問い合わせについては、原則としてお受けしておりません）。

※質問専用シートのお取り寄せについて
Webサイトにアクセスする手段をお持ちでない方は、ご氏名、ご送付先（ご住所／郵便番号／電話番号またはFAX番号／電子メールアドレス）および「質問専用シート送付希望」と明記のうえ、電子メール（qaform@shoeisha.com）、FAX、郵便（80円切手をご同封願います）のいずれかにて"編集部読者サポート係"までお申し込みください。お申し込みの手段によって、折り返し質問シートをお送りいたします。シートに必要事項を漏れなく記入し、"編集部読者サポート係"までFAXまたは郵便にてご返送ください。

●回答について
回答は、ご質問いただいた手段によってご返事申し上げます。ご質問の内容によっては、回答に数日ないしはそれ以上の期間を要する場合があります。

●ご質問に際してのご注意
本書の対象を越えるもの、記述個所を特定されないもの、また読者固有の環境に起因するご質問等にはお答えできませんので、あらかじめご了承ください。

●郵便物送付先およびFAX番号
送付先住所　　〒160-0006　東京都新宿区舟町5
FAX番号　　03-5362-3818
宛先　　（株）翔泳社出版局 編集部読者サポート係

※本書に記載されたURL等は予告なく変更される場合があります。
※本書の出版にあたっては正確な記述につとめましたが、著者や出版社などのいずれも、本書の内容に対してなんらかの保証をするものではなく、内容やサンプルに基づくいかなる運用結果に関してもいっさいの責任を負いません。
※本書に掲載されているサンプルプログラムやスクリプト、および実行結果を記した画面イメージなどは、特定の設定に基づいた環境にて再現される一例です。
※本書に記載されている会社名、製品名はそれぞれ各社の商標および登録商標です。

広がっていくPukiWikiワールド

PukiWikiとの出会いは、2002年の春でした。元来ものぐさな私は、どうしても自分のサイトを更新して、維持し続けるということができず、簡単に更新できるツールを探していました。ちょうど海外でblogが流行りはじめたころでしたが、「blogじゃ日記と同じでツマラナイいな」と思い、Wikiを導入しようとソフトを探しはじめました。

当時Wikiエンジンといえば、Javaなどの書籍で有名な結城浩さんが作ったYukiWikiが一般的でしたが、どうもPerlが苦手な私は、PHPで書かれたWikiエンジンを探しました。そこで出会ったのが、PukiWikiです。他のWikiに比べてカッコいい見た目とアイコン、プラグインであまりWikiらしくないこともできそうだ。ということでPukiWikiを導入して、アレコレといじりはじめました。

そのころPukiWikiはメンテナンスされていない状態で、公式サイトも情報が散乱し、荒れていました。私は各種パッチを取りまとめ、情報が散乱したサイトを再構築し直そうと思い立ちました。飽きっぽい私が一人で作業を続けられるはずはないので、オリジナルの開発者であるyu-jiさんにオープンソーススタイルでの開発を承諾いただき、「PukiWiki Developer Team」が結成されました。

このチームは厳密な組織ではなく、数名のコミッターと多くのPukiWiki利用者に支えられた、緩い集まりです。私のいまの肩書きは「総監督」ですが、実際には何もしてません（笑）。現在は3代目メインコミッターのhenohenoさんが中心となり、精力的に開発が続けられています。しかし常に人手が足りません。もしPukiWikiに興味を持ったなら、ぜひ開発にも参加してください。コードを書くだけではなく、ドキュメントの整備や多言語版への翻訳作業など、チームとしてやりたいことはたくさんあります。みなさんもやりたいことがあれば、ぜひPukiWiki公式サイトに書き込んでください。

PukiWiki Developers Teamが結成されてから4年近くが立ちますが、やっとここ1～2年でWikiが一般に認知されてきたような気がします。特に掲示板などに散乱した情報を再構築した「まとめサイト」として使われることが多いようです。時系列で流れていく掲示板やblogは情報の出し合いやブレインストーミングには向いていますが、リアルタイムで参加していないと情報を追いづらいという欠点があります。特に話題が多くて流量も多い2chではそれが顕著に出ているようです。Wikiは、いつでも誰でも編集できる利点を生かして、そんな掲示板やblogの欠点を補完しているようです。

Wikiは、blogなどに比べてとっかかりづらいシステムです。なかなか、他人のページを書き換えることはしづらいですし、PukiWiki記法という障壁もあります。そんな中、Wikiを使って手軽に情報を公開し、それを活用するために、本書がその助けになれば幸いです。

2006年2月28日

PukiWiki Developers Team　総監督　増井 雄一郎

第3章　PukiWiki を使おう

第4章 スキンで見た目を変えよう

第 5 章　プラグインとその作成

第 6 章　応用事例 ——企業内での情報共有に活用する——

Appendix

本書の表記について

本文中のPukiWiki記法やプラグインの書式などは次の表記ルールで記述しています。

例）

```
$adminpass = '{x-php-md5}' . md5('ここに管理者のパスワードをそのまま記述');
```

「ここに管理者のパスワードをそのまま記述」のような書体の部分は、任意の文字列で置き換えられることを表します。

例）

書式	**#calendar_viewer**(ベースページ名**,** 範囲指定**,** *表示モード***,** *年月日表示の区切り文字*)

「ベースページ名」「範囲指定」のような書体の部分は、任意の文字列で置き換えられることを表します。「*表示モード*」「*年月日表示の区切り文字*」のような斜体の部分は、オプションですので、省略することも可能です。

第 1 章

PukiWikiってなんだろう？

PukiWikiは、日本国内で幅広く利用されているメジャーなWikiシステムのひとつです。本章ではPukiWikiの歴史や利用分野をかいつまんで説明します。本章を読んでいただければ、PukiWiki（Wiki）で作成されたWebサイトが特別なものではなく、むしろ一般的な作成ツールよりも簡単にWebページを作ることができることがわかっていただけるでしょう。

text by 増井 雄一郎

1-1 PukiWiki、Wiki、CMS

PukiWikiは、コンテンツ管理システム（CMS：Content Management System）と呼ばれるソフトウエアの一種です。通常Webサイトを構築するときは、エディタなどを使ってHTMLを作成し、FTPなどのソフトウエアでWebサーバにアップロードします。しかし多人数でサイトを構築する場合や、ページ数が増えたりユーザ認証などを多用する場合、HTMLやFTPだけでサイトを構築するとどうしても煩雑になってしまいます。

そこで、コンテンツやレイアウト情報などを一元管理するソフトウエアを導入して、サイト構築や更新をもっと楽にしようということで、CMSが利用されるようになりました。CMSは非常に便利なシステムで、多くの作業を自動化してくれます。

最近は、MovableTypeなどに代表されるblogツールが非常に有名ですが、これは日記型のCMSといえます。Web上に日記を書く場合、すべてHTMLで書いていると、更新毎に日記の追加のみならず、トップページでの更新通知、カレンダーからのリンク、過去の記事のアーカイブへの移動など、かなりの手間が必要になります。blogツールを使うことで、日記を管理画面に書くだけで、これらの面倒な作業を自動で行ってくれます。

URL

Movable Type
http://www.movabletype.jp/

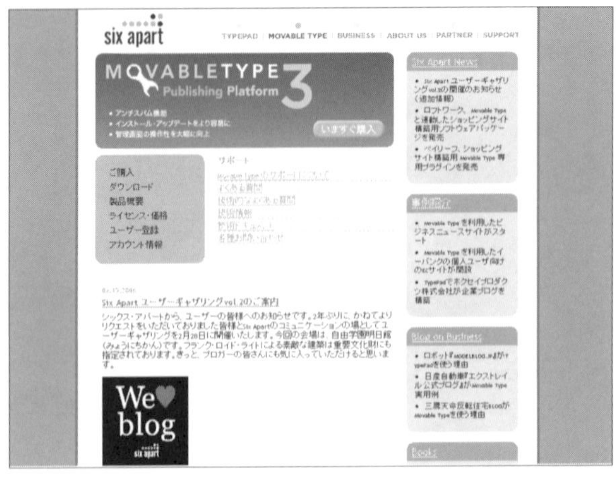

blogの特徴は日付による文書管理であり、時系列に沿って日記のようなサイトを作るのに非常に向いています。このほかにポータル型のCMSというものもあり、これは複数の掲示板やディレクトリ、会員管理を含んだ比較的大規模なサイトを作るためのシステムです。ポータル型のCMSではXOOPSが非常に有名です。

URL

XOOPS cube公式サイト

http://xoopscube.jp/

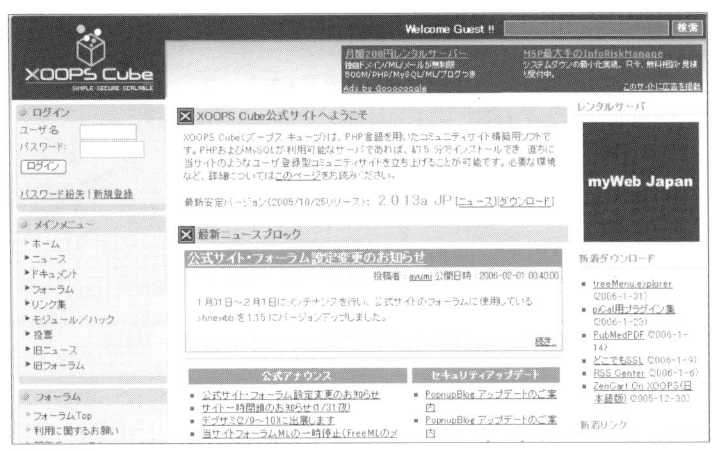

これに対してPukiWikiは、Wiki型のCMSの実装の1つといえます。Wikiは、文章を構造的に整理するのに向いたシステムといえるでしょう。またWiki型のCMSは、誰でもサイトに書き込みができることが大きな特徴になっています。

図1-1

通常のWebサイトの更新とWikiの違い

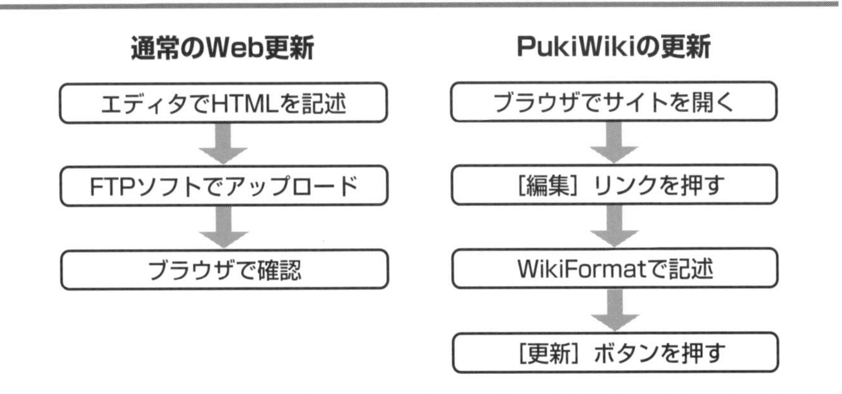

1-2 Wikiの歴史とPukiWikiの誕生

Wiki型のCMSは、Ward Cunningham氏が1995年にリリースした、WikiWikiWeb（図1-2）がはじまりです。このソフトはハワイで迅速なことを表す「WikiWiki」という言葉から名付けられ、迅速にWebサイトを作ることを目的に作られたシステムです。このWikiWikiWebには下記のような機能がありました。

- 管理者と閲覧者の区別がなく、すべてのページを誰でもフォームから変更できる
- コンテンツはWikiFormatと呼ばれる行指向の記述言語で記述される
- WikiName[1-1]による自動リンク
- 全文検索

注［1-1］
WikiNameについては、3-2（76ページ）を参照してください。

WikiWikiWebを手本に、多くのサイトやプログラムがリリースされました。それらのプログラムは「WikiClone（ウィキ・クローン）」と呼ばれています。

図1-2
WikiWikiWeb

Front Page

Welcome to the WikiWikiWeb front page. This site is a wiki whose focus is PeopleProjectsAndPatterns in SoftwareDevelopment.

The ideas of 'Wiki' may seem strange at first, but dive in and explore its links. 'Wiki' is a composition system; it's a discussion medium; it's a repository; it's a mail system; it's a tool for collaboration. Really, we don't know quite what it is, but it's a fun way of communicating asynchronously across the network.

The name 'Wiki' may seem strange too - what does it mean? The WikiWikiWebFaq answers this and other questions, but the short answer is that WikiWiki is Hawaiian for 'quick'.

You should start with WelcomeVisitors. It describes what we are doing, as well as how to get around, and how to get involved. Watch the pages expand and refine here; watch the discussions that surround the process. Watch information AutoMagically crystallize!

To find a page on a specific topic, go to FindPage. To see an auto-generated list of pages which have changed recently, try RecentChanges. If you want a short list of randomly-selected pages, try RandomPages. CategoryCategory is the top level of page categorization; you can use it to delve deeper into the site.

Edit pages by using the EditText link at the bottom of the page you wish to edit. Don't worry too much about messing up, as the original text is backed up and can be easily restored (meaning everyone can see the RecentChanges made, and will be able to correct mistakes, erase and so on if necessary).

The TextFormattingRules are quite simple, and the TipsForBeginners will help you learn to apply them gracefully. You'll probably want to start by editing pages that already exist. The WikiWikiSandbox is set aside for editing practice - go there now to try it. (Please don't edit this page; changes here will likely be reversed within a few minutes.) Once you've made a couple of updates, you'll be ready to participate in discussions on the 'Wiki', and before you know it you will be AddingNewPages.

Please read WikiWikiSystemNotice to stay informed with the latest information regarding the operation of this site.

This site's WikiEngine, WardsOriginalWikiEngine, has since spawned other WikiEngines, which themselves have become a popular way to document things.

For more information on the content you can expect to encounter, take a look at OnTopic and OffTopic. WikiInTheNews collects mentions of this site in the wider world.

Note that spam is not allowed on this site; any spam encountered will be deleted quickly. Spamming this site will not increase your PageRank.

A history of how this page has evolved over time can be viewed at WikiArchive.

EditText of this page (last edited January 31, 2006)
FindPage by searching (or browse LikePages or take a VisualTour)

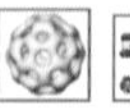

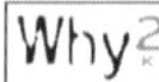

YukiWikiがはじめて日本語をサポート

初代WikiWikiWebは日本語をサポートしていません。初めて日本語を本格的にサポートしたWikiCloneは、結城浩氏が2000年に公開したYukiWiki（図1-3）になります。日本で使われる多くのWikiCloneは、WikiWikiWebよりこのYukiWikiを参考にして作られています。

YukiWikiは実用最低限の機能を実装したものでした。WikiWikiWebを参考に作られているので、もちろん先に挙げた特徴を持っていますが、それに加えて下記のような特徴があります。

- 日本語をサポート
- BracketName[1-2]による自動リンク
- 自動バックアップと差分表示
- 更新の衝突の検出
- 画像の貼り込み

注［1-2］
BracketNameについては、3-2（76ページ）を参照してください。

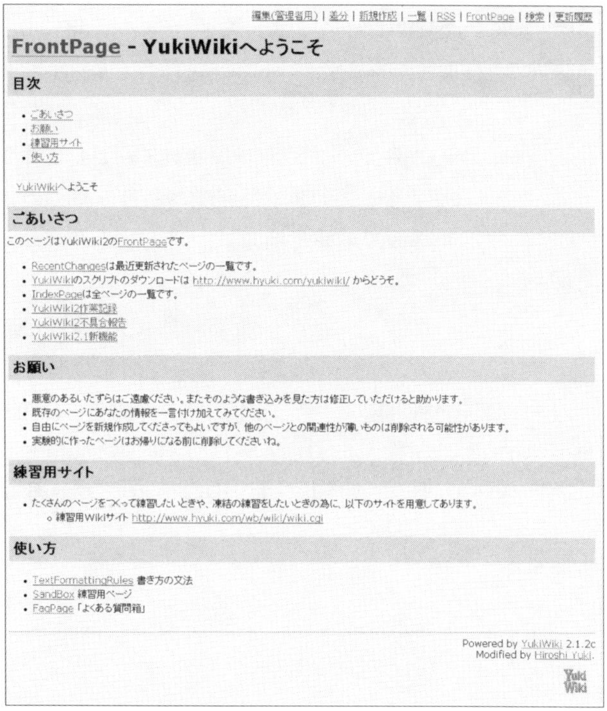

図1-3
YukiWiki

YukiWikiはPerlで書かれていることもあり、非常に多くの派生版を生み出しました。またYukiWiki自身もバージョンアップし、2002年にはYukiWiki2がリリースされました。

PukiWikiの登場と発展

PukiWikiは、yu-ji氏[1-3]がYukiWikiを参考に一からPHPでコーディングし、2001年にリリースされました。これはYukiWikiの機能はもちろんのこと、それに加えて下記のような機能を有していました。

注 [1-3]
当時はsngというハンドルでした。

- CSSを主体にしたデザイン
- プラグインによる拡張
- Wiki同士を繋げるInterWikiをサポート
- RSSによる更新履歴の出力
- 管理権限

これらの機能の多くは後にYukiWiki2でもサポートされています。しかし、PukiWikiは下記のような点が他のWikiより優れており、少しずつ使われるようになってきました。

- PHPがインストールされていれば簡単にインストールできる
- 強力なプラグイン機能があり、多くのプラグインがリリースされていた
- 標準スキンが他のWikiよりきれい

2002年に開発主体が、yu-ji氏個人からPukiWiki Developer Teamに移管され、オープンソース的手法によって開発が進められるようになりました。これにより、新機能の追加、セキュリティ修正、公式サイトの充実などが図られ、非常に多くの人に使われるようになりました。

いまでは、PukiWikiは下記のような特徴を持ったWikiとして、リリースされています。

- 非常に多くのプラグインを内包
- tDiary形式のスキンをサポート[1-4]
- 5000ページ以上の大規模サイトにも対応

注 [1-4]
tDiaryテーマの利用については、4-3（107ページ）を参照してください。

・データベースなどを利用しない

PukiWikiは、PHP3の普及と重なって、非常にインストールベースを増やしていき、2003年には国内の標準的なWikiとしての地位を確立しました。

1-3 どういうときにWikiを使うか

Wikiには、blogなどと違って、コレといった決まった使い方はありません。ページを自由に作成して、サイトを作っていきます。その使い方は十人十色で、コミュニケーションツールとしても、自分用の情報整理ツールとしても使える柔軟性を持っています。

ここでは主な使い方を下記のように大きく3つに分類して、それぞれ詳しく見ていきましょう。

・みんなで作るWikiサイト
・一人で作るWikiサイト
・簡単サイト作成ツールとして

みんなで作るWikiサイト

Wikiの最大の特徴は、多人数でのサイトを構築できることです。それを活かして、みんなで情報を集めてサイトを構築します。

いままで多人数のコミュニケーションといえば、掲示板やメーリングリストが一般的でした。しかし、掲示板もメーリングリストも情報が時系列に並んでいるので、次のような問題がありました。

・同じ質問が何度も出やすい
・後から参加した人が、過去の情報を把握するのが難しい

Wikiでは時系列ではなく、ページごとに意味を持たせて管理するため、体系的なデータの管理がしやすいという利点があります。

しかし既存の掲示板との違いに戸惑うユーザが多数でてしまい、Wikiへの書き込みが増えず、コミュニティやサイトが育たないことがあります。PukiWiki

注 [1-5]
掲示板プラグインについては、B-1（168ページ）を参照してください。

では掲示板プラグイン[1-5]などで、Wikiページの中に既存のユーザインタフェースも統合することができ、Wikiに不慣れなユーザでも、サイトに容易に参加することができます。

ここで代表的な「みんなで作るWikiサイト」を紹介しますが、この種のサイトはWiki本来の使い方のため実に数多くあります。用途別に次の4種類に分けて見ていくことにします。

- オンライン辞書
- ソフトウエア開発の管理
- 社内やグループ内のドキュメント・進行管理
- 特定の話題のまとめサイト

オンライン辞書の代表的なサイト

■ Wikipedia

URL

```
http://wikipedia.org/
```

Wikipedia（ウィキペディア）は、Wikiの有効性がはじめて一般に注目されたサイトでしょう。WikipediaはPukiWikiではなく、独自の「MediaWiki」というWikiエンジンで運用されています。

このWikipediaは、ユーザ参加型の新しい百科事典です。ユーザが新しい単語を加えたり、既に掲載されている単語に対してもっと詳しい説明を追加したり、間違いがあった場合には書き直すこともできます。

Wikipediaには、200を超える言語の辞書が作成され、最もエントリーの多い英語では70万記事、日本語でも13万記事が掲載されています。エントリーはいまでも日々増え続けています。運営は、ウィキメディア財団（The Wikimedia Foundation）によって行われています。

誰でも書き込めることから、匿名掲示板のように荒らしや嘘の記事が多く掲載されそうなイメージを持ちますが、悪戯の書き込みがあっても多くのボランティアがそれを即座に発見し、削除もしくは修正してしまうので、一般のユーザがそのような書き込みを見ることはほとんどありません。また、そのような書き込みをあなたが見つけた場合、その場で簡単に修正することも可能です。

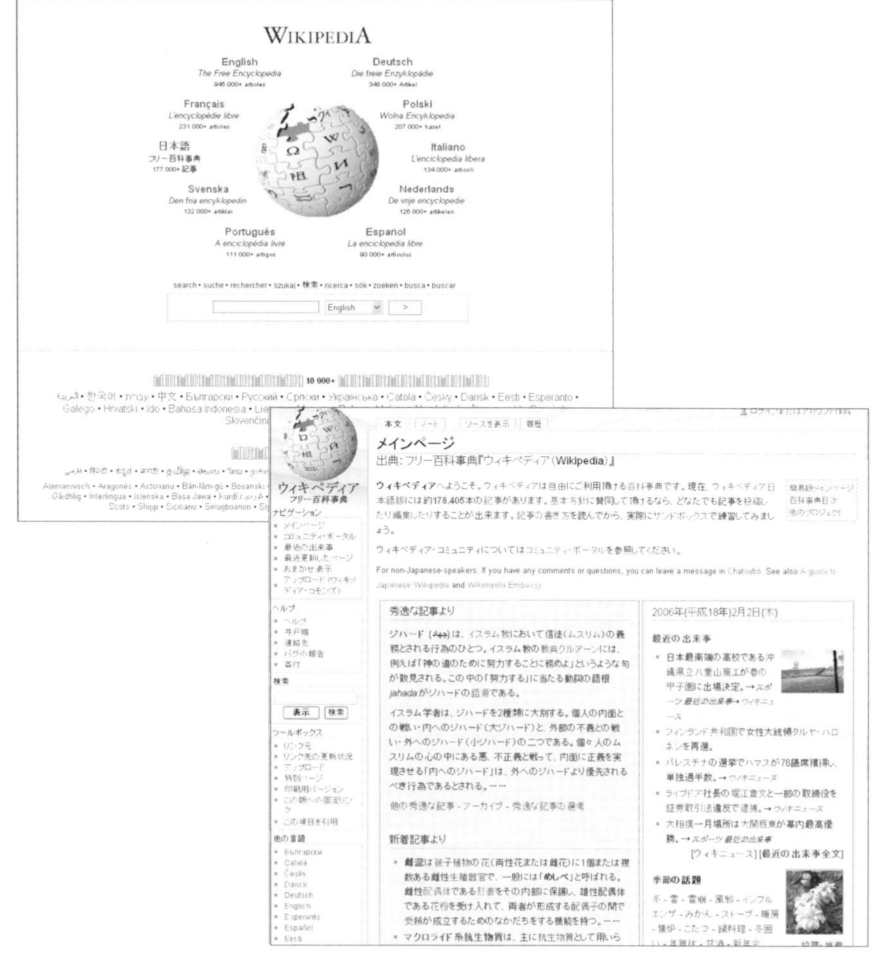

■みんなで作るスウェーデン語辞書

URL http://dagensjp.net/wiki/

■ドラゴンクエストスピオキルトⅢ

URL http://dragonquests.net/

Wikipediaは最も有名なWikiサイトであり、最も有名な「Wikiで管理されている辞書」ですが、個人で運営されているWikiによる辞書サイトも多数あります。「みんなで作るスウェーデン語辞書」のように日本ではマイナーな言語の単語の辞典を有志の手で構築しているサイトや、「ドラゴンクエストスピオキルトⅢ」のように、ゲームに関する事柄の辞書を構築しているサイトもあります。

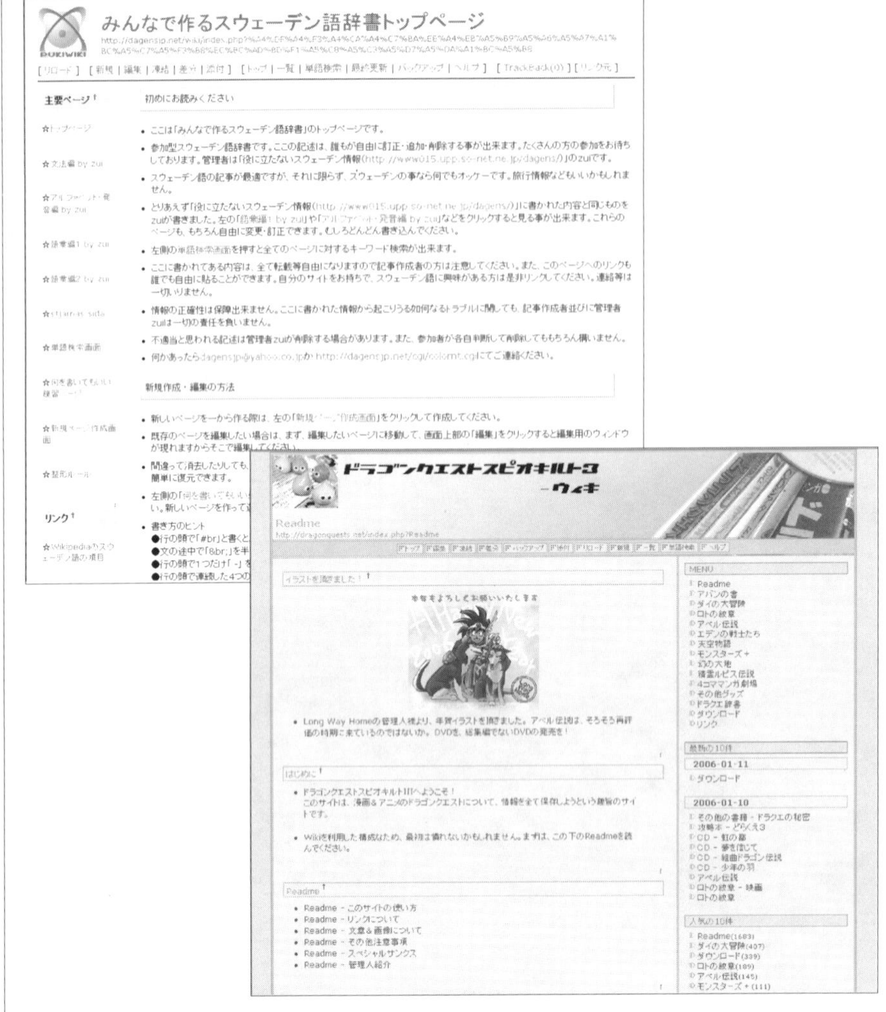

ソフトウエア開発管理の代表的なサイト

ソフトウエアの開発、特にオンラインでのオープンソースソフトの開発では、開発者やユーザ間のコミュニケーションが非常に重要です。いままで、こういった開発のコミュニケーション手段としては、メーリングリストが多く用いられてきました。ただ、先に書いたように、メーリングリストは情報の並びが基本的に時系列になり、情報が整理しづらく、後から情報の閲覧が難しいという難点がありました。

しかし、Wikiを用いることで、時系列や意味など複数の切り口で資料をまとめたり、議論をすることができるようになりました。

■PukiWiki.org

URL

http://pukiwiki.sourceforge.jp/ （一般向け）
http://pukiwiki.sourceforge.jp/dev/ （開発者向け）

実際にPukiWikiの開発に関するコミュニケーションは、すべてPukiWiki.org上で行われています。開発者のための「dev」と呼ばれるサイトと、ユーザ向けの「.org」と呼ばれるサイトに分けて管理され、開発に関する議論やバグ報告、新機能の提案など、すべての作業がこの2つのサイトで行われています。

■VineDocs（Vine Linux ドキュメントチーム）

URL

```
http://vinedocs.sourceforge.jp/
```

Vine Linux ドキュメントチームでは、各種ドキュメントの翻訳の進行管理をPukiWikiで行っています。PukiWikiにはtrackerプラグイン[1-6]があり、バグ管理やToDo管理が容易に行えます。

注［1-6］

trackerプラグインについては、6-4（144ページ）を参照してください。

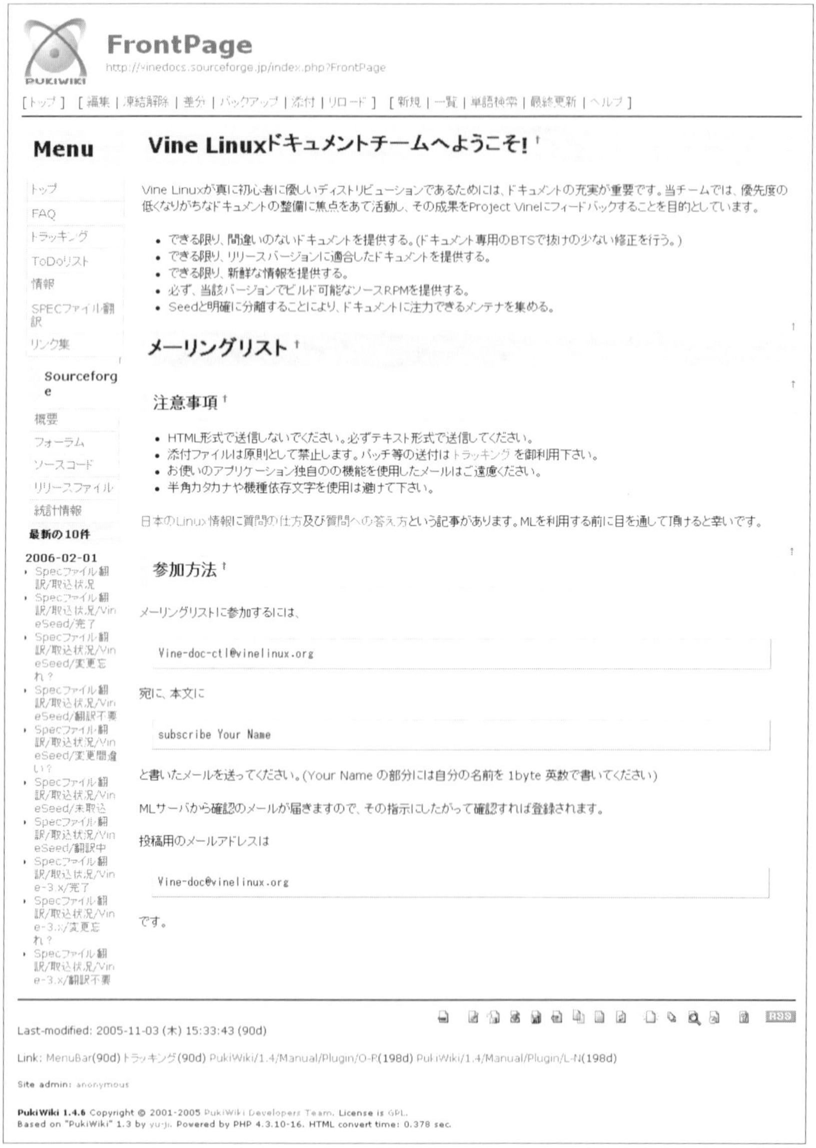

FrontPage
http://vinedocs.sourceforge.jp/index.php?FrontPage

[トップ]　[編集 | 凍結解除 | 差分 | バックアップ | 添付 | リロード]　[新規 | 一覧 | 単語検索 | 最終更新 | ヘルプ]

Menu

トップ
FAQ
トラッキング
ToDoリスト
情報
SPECファイル翻訳
リンク集

Sourceforge
概要
フォーラム
ソースコード
リリースファイル
統計情報

最新の10件

2006-02-01
- Specファイル翻訳/取込状況
- Specファイル翻訳/取込状況/VineSeed/完了
- Specファイル翻訳/取込状況/VineSeed/変更忘れ？
- Specファイル翻訳/取込状況/VineSeed/翻訳不要
- Specファイル翻訳/取込状況/VineSeed/変更間違い？
- Specファイル翻訳/取込状況/VineSeed/未取込
- Specファイル翻訳/取込状況/VineSeed/翻訳中
- Specファイル翻訳/取込状況/Vine-3.x/完了
- Specファイル翻訳/取込状況/Vine-3.x/変更忘れ？
- Specファイル翻訳/取込状況/Vine-3.x/翻訳不要

Vine Linuxドキュメントチームへようこそ!

Vine Linuxが真に初心者に優しいディストリビューションであるためには、ドキュメントの充実が重要です。当チームでは、優先度の低くなりがちなドキュメントの整備に焦点をあて活動し、その成果をProject Vineにフィードバックすることを目的としています。

- できる限り、間違いのないドキュメントを提供する。(ドキュメント専用のBTSで抜けの少ない修正を行う。)
- できる限り、リリースバージョンに適合したドキュメントを提供する。
- できる限り、新鮮な情報を提供する。
- 必ず、当該バージョンでビルド可能なソースRPMを提供する。
- Seedと明確に分離することにより、ドキュメントに注力できるメンテナを集める。

メーリングリスト

注意事項

- HTML形式で送信しないでください。必ずテキスト形式で送信してください。
- 添付ファイルは原則として禁止します。パッチ等の送付はトラッキングを御利用下さい。
- お使いのアプリケーション独自のの機能を使用したメールはご遠慮ください。
- 半角カタカナや機種依存文字を使用は避けて下さい。

日本のLinux情報に質問の仕方及び質問への答え方という記事があります。MLを利用する前に目を通して頂けると幸いです。

参加方法

メーリングリストに参加するには、

```
Vine-doc-ctl@vinelinux.org
```

宛に、本文に

```
subscribe Your Name
```

と書いたメールを送ってください。(Your Name の部分には自分の名前を 1byte 英数で書いてください)

MLサーバから確認のメールが届きますので、その指示にしたがって確認すれば登録されます。

投稿用のメールアドレスは

```
Vine-doc@vinelinux.org
```

です。

Last-modified: 2005-11-03 (木) 15:33:43 (90d)

Link: MenuBar(90d) トラッキング(90d) PukiWiki/1.4/Manual/Plugin/O-R(198d) PukiWiki/1.4/Manual/Plugin/L-N(198d)

Site admin: anonymous

PukiWiki 1.4.6 Copyright © 2001-2005 PukiWiki Developers Team. License is GPL.
Based on "PukiWiki" 1.3 by yu-ji. Powered by PHP 4.3.10-16. HTML convert time: 0.378 sec.

■ Gentoo Linux Users Group Japan

URL

```
http://wiki.gentoo.gr.jp/
```

Gentoo Linux Users Group Japanでは、ソフトウエアの障害や設定例などをPukiWikiで公開しています。また、事例集も公開しています。

社内ネットワーク内のPukiWiki

会社やクローズのグループ内でのドキュメント・進行管理は、いままでメーリングリストやグループウエアを使って行われてきました。しかし、高価なグループウエアなどを使わなくてもPukiWikiでドキュメント管理や進行管理を十分に行うことができます。

PukiWikiにはcalendar2プラグイン[1-7]があるので、blogのように日報やスケジュールといった時系列のデータを扱うこともできます。日報や会議の議事録、社内報などをPukiWikiに載せることで社内の情報共有が1つのサイトで行えるというメリットが生まれます。

注［1-7］
calendar2プラグインについては、B-2（172ページ）を参照してください。

また既にグループウエアを導入している場合は、スケジュール管理は既存のシステムで行い、議事録などのドキュメントのみをPukiWikiで共有するという方法もあります。

特定の話題のまとめサイト

最近、PukiWikiの使われ方で一番増えているのが、この「まとめサイト」でしょう。2ちゃんねるなどの掲示板やメーリングリストなど、時系列で情報が流れてしまうものでは情報の蓄積ができず、せっかく有用な情報が集まっても、時間とともに見れなくなってしまう問題がありました。

そこで、掲示板などで出た情報を有志が整理してまとめる、「まとめサイト」が出てくるようになりました。複数の有志で情報を整理する、間違いなどを誰でも修正できる、管理人が変わっても引き継ぎの必要がないなど、非常にWikiのシステムに一致していることから、最近では多くの「まとめサイト」がWikiで作られています。

■新潟中越地震 被災者救援本部@2ch

URL

```
http://eq2.maido3.com/pukiwiki.php
```

主に2ちゃんねるの新潟中越地震に関するスレッドの中から、被災者救援活動を行いたい／行っている人向けに、散在している情報をまとめて提供するためのサイトとして構築されました。時間や紙面などの制約からマスコミでは報道されないような情報や、被災地に関する詳しい情報がこのサイトに集められ、公開されていました。PukiWikiは携帯からも閲覧できるため、PCがない環境でサイトを閲覧できることも、大いに役に立ったようです。

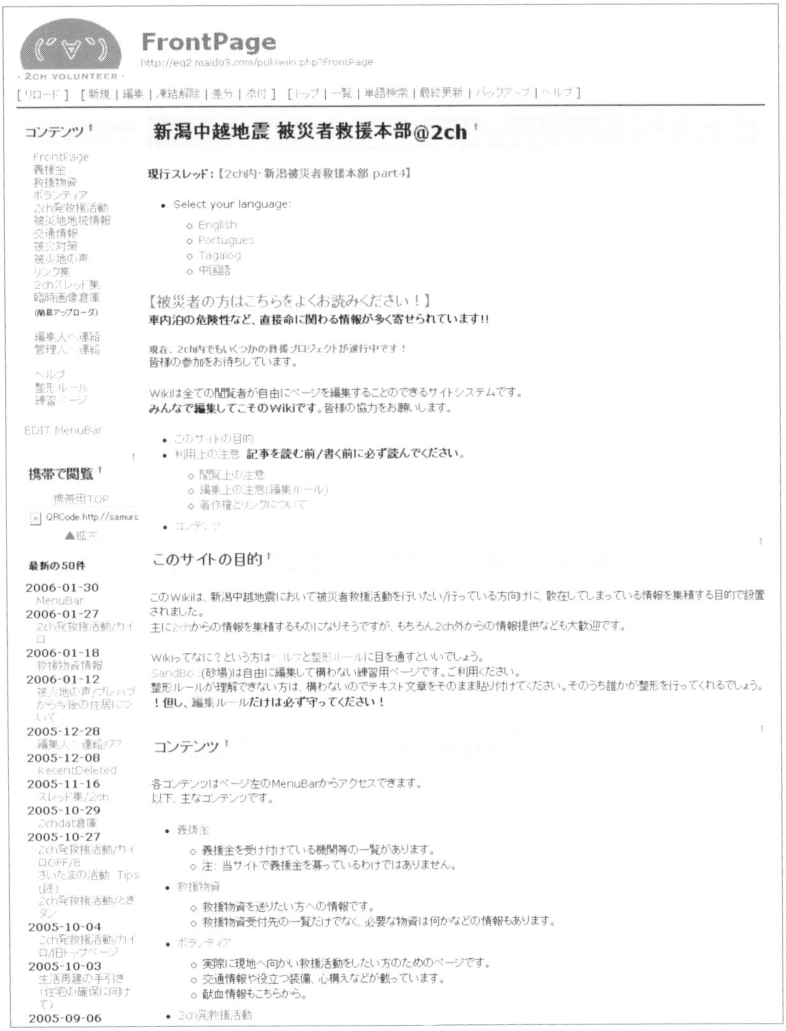

FrontPage
http://eq2.maido3.com/pukiwiki.php?FrontPage
- 2CH VOLUNTEER -

[リロード] [新規 | 編集 | 凍結解除 | 差分 | 添付] [トップ | 一覧 | 単語検索 | 最終更新 | バックアップ | ヘルプ]

コンテンツ †
FrontPage
義援金
救援物資
ボランティア
2ch発救援活動
被災地地域情報
交通情報
被災対策
被災地の声
リンク集
2chスレッド集
臨時画像倉庫
(簡易アップローダ)
編集人へ連絡
管理人へ連絡
ヘルプ
整形ルール
練習ページ
EDIT MenuBar

携帯で閲覧 †
携帯用TOP
QRCode http://samura
▲拡大

最新の50件
2006-01-30
MenuBar
2006-01-27
2ch発救援活動/カイロ
2006-01-18
救援物資情報
2006-01-12
被災地の声/プレハブから今後の住居について
2005-12-28
編集人へ連絡/77
2005-12-08
RecentDeleted
2005-11-16
スレッド集/2ch
2005-10-29
2chdat倉庫
2005-10-27
2ch発救援活動/カイロOFF/8
きいたまの活動 Tips(謎)
2ch発救援活動/ときダン
2005-10-04
2ch発救援活動/カイロ/旧トップページ
2005-10-03
生活再建の手引き(住宅の確保に向けて)
2005-09-06

新潟中越地震 被災者救援本部@2ch †

現行スレッド:【2ch内・新潟被災者救援本部 part4】

- Select your language:
  - English
  - Portugues
  - Tagalog
  - 中国語

【被災者の方はこちらをよくお読みください！】
車内泊の危険性など、直接命に関わる情報が多く寄せられています!!

現在、2ch内でもいくつかの救援プロジェクトが進行中です！
皆様の参加をお待ちしています。

Wikiは全ての閲覧者が自由にページを編集することのできるサイトシステムです。
みんなで編集してこそのWikiです。皆様の協力をお願いします。

- このサイトの目的
- 利用上の注意 記事を読む前/書く前に必ず読んでください。
  - 閲覧上の注意
  - 編集上の注意(編集ルール)
  - 著作権とリンクについて
- コンテンツ

このサイトの目的 †

このWikiは、新潟中越地震において被災者救援活動を行いたい/行っている方向けに、散在してしまっている情報を集積する目的で設置されました。
主に2chからの情報を集積するものになりそうですが、もちろん2ch外からの情報提供なども大歓迎です。

Wikiってなに？という方はヘルプと整形ルールに目を通すといいでしょう。
SandBox(砂場)は自由に編集して構わない練習用ページです。ご利用ください。
整形ルールが理解できない方は、構わないのでテキスト文章をそのまま貼り付けてください。そのうち誰かが整形を行ってくれるでしょう。
！但し、編集ルールだけは必ず守ってください！

コンテンツ †

各コンテンツはページ左のMenuBarからアクセスできます。
以下、主なコンテンツです。

- 義援金
  - 義援金を受け付けている機関等の一覧があります。
  - 注: 当サイトで義援金を募っているわけではありません。
- 救援物資
  - 救援物資を送りたい方への情報です。
  - 救援物資受付先の一覧だけでなく、必要な物資は何かなどの情報もあります。
- ボランティア
  - 実際に現地へ向かい救援活動をしたい方のためのページです。
  - 交通情報や役立つ装備、心構えなどが載っています。
  - 献血情報もこちらから。
- 2ch発救援活動

■信長の野望オンライン寄合所

URL `http://delight.ath.cx/nol/`

同ゲームに関する情報をまとめています。また別サーバではユーザがそれぞれのページを持ち、日記を書けるようにもなっています。この日記を通じたユーザ間のコミュニケーションも活発に行われています。

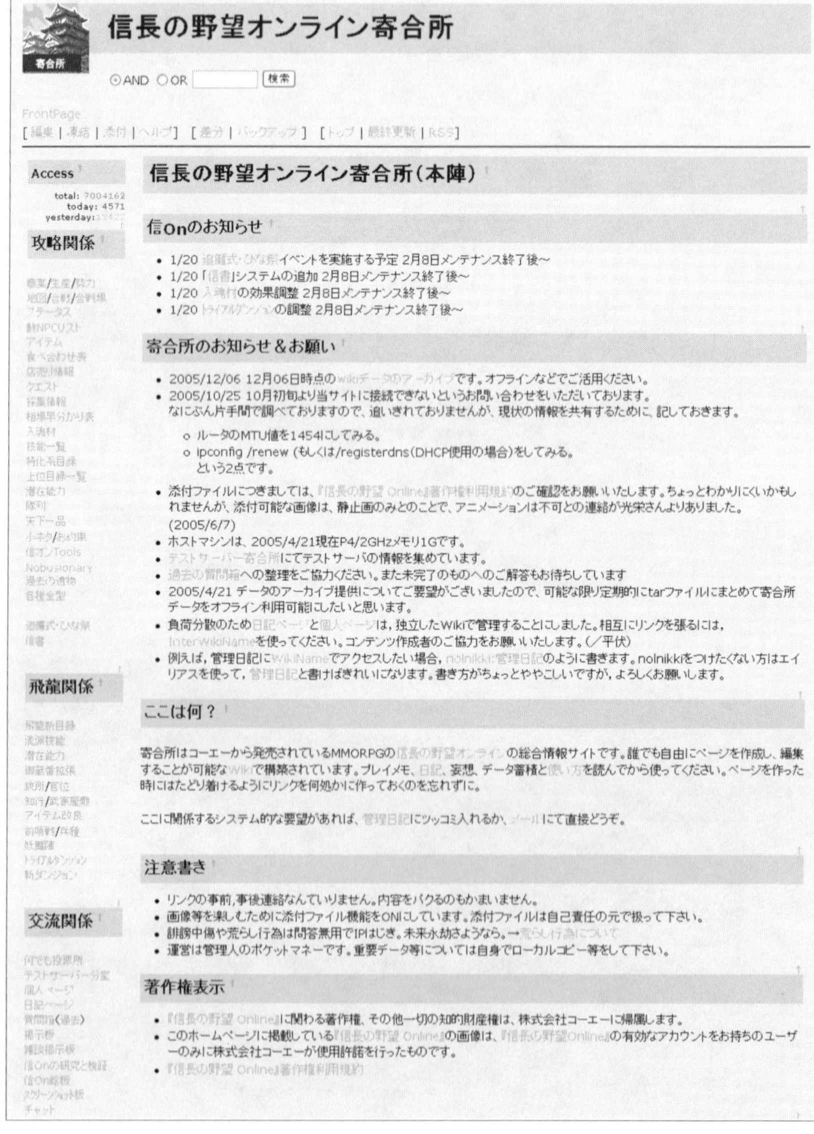

■Firefox まとめサイト

URL http://firefox.geckodev.org/

2ちゃんねるのソフトウエア板などで流れたFirefoxに関する情報をまとめています。Firefoxには拡張機能やテーマが多数リリースされていますが、本家サイトは英語なので取っ付きにくい人というにはとても有用です。またPukiWikiに見えないサイトデザインも必見です。

一人で作るWikiサイト

PukiWikiで作られたサイトは誰でも書き込めますが、個人用ということで、あまり外部の人が書き込むことを考慮せず、設置者1人もしくは少人数でのみ書き込むことを前提にしたサイトもあります。

個人的な技術メモ、家と会社での共有メモなど、手軽に書けるメモとして使われるケースがよく見られます。またcalendar2プラグイン[1-8]を使って、日記を書くこともできます。

自分のメモをPukiWikiで公開することで、そのメモに誰かが追加情報を書いてくれることがあるのは、Wikiならではの利点でしょう。

注［1-8］
calendar2プラグインについてはB-2（172ページ）を参照してください。

■kawara's PukiWiki

http://kawara.homelinux.net/pukiwiki/pukiwiki.php

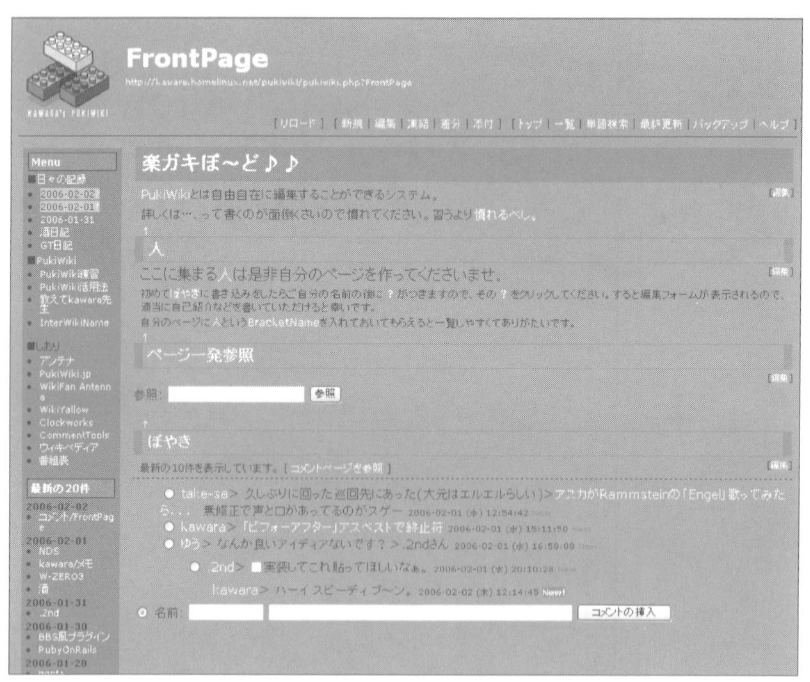

簡単サイト作成ツールとして

PukiWikiは、誰でも書き込めることが最大の特徴ですが、その機能を意図的に削除して、通常のコンテンツマネージメントシステムとして使うこともできます。

PukiWikiは基本的には誰でもページの書き換えができますが、パスワードによる読み書き制限をかけることも可能です。これを使ってすべてのページをパスワードなしでは書き換えできないようにすれば、通常のWebサイトのように運営することができます。

PukiWikiには、文法がHTMLよりも楽なことや、FTPなどのソフトを使わずにブラウザのみで更新ができるなどの利点があります。また、多人数でサイトを更新する場合には、FTPのアップロードミスなどによって他人のデータを消してしまうこともありません。

■Nature's Linux Tech ポータル

URL　http://tech.n-linux.com

Nature's Linux Techでは、公式サイトによる情報提供をPukiWiki上で行っています。このサイトは、編集者のみ書き換えられるようになっており、ユーザからは通常のサイトと同じように見ることができます。

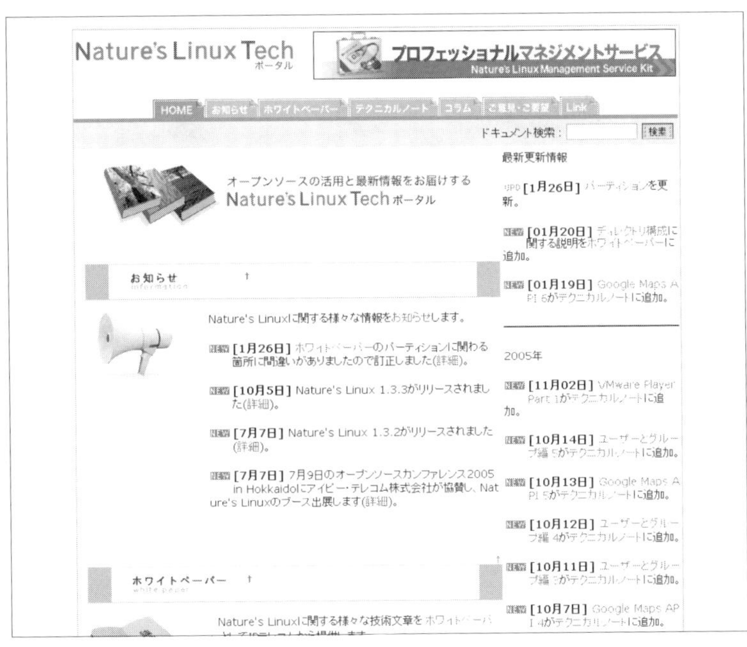

■リソナル

URL `http://www.lisonal.com/`

ソフトウエア開発のリソナル社では、自社サイトをPukiWikiで構築しています。このサイトも、ユーザからは書き換えができないようになっています。

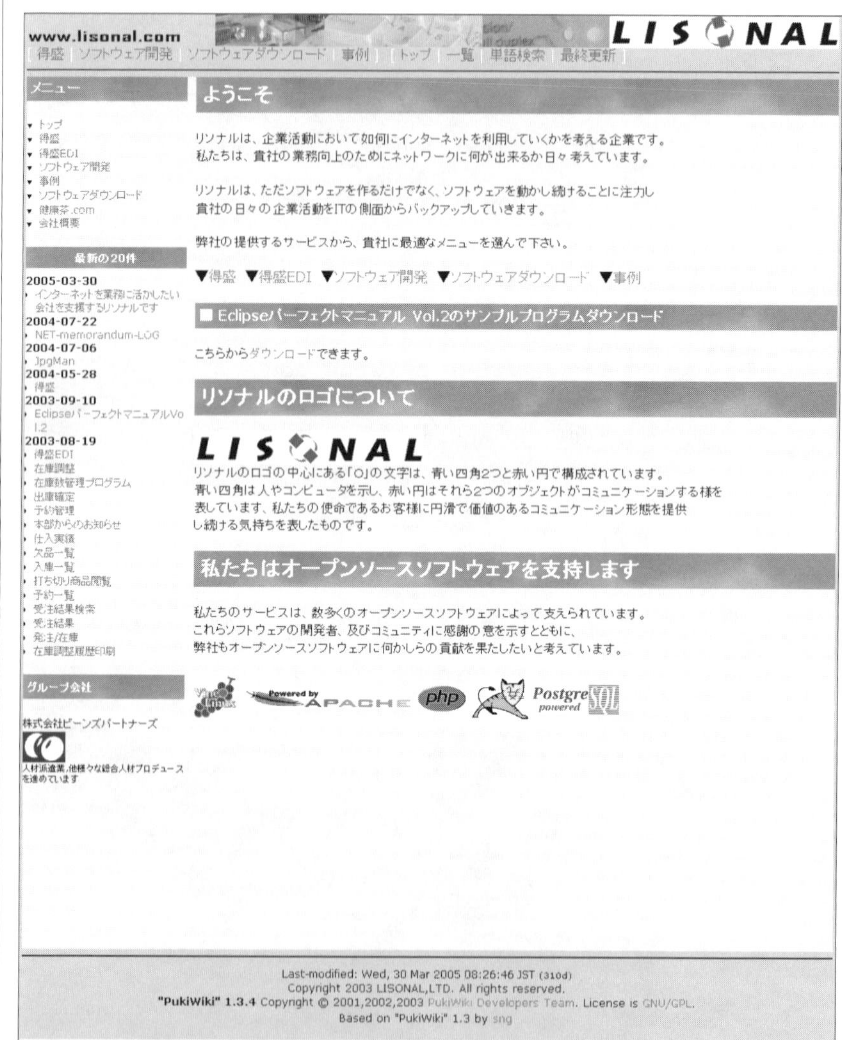

■YNC Home Page

URL

```
http://www.ync-net.co.jp/
```

　これは、千葉県市川市の新聞販売店のサイトです。IT系以外でPukiWikiを使ってサイト構築をしている珍しい例といえるでしょう。このサイトも、リソナル社と同じようにユーザからは書き換えができないようになっています。

■siteDev

URL

`http://fol.axisz.jp/php/sd/`

PukiWikiからの派生物として、siteDevというソフトもリリースされています。このソフトはPukiWikiをベースに自由な書き換えを制限して、HTMLを使わずにWebサイトを作るためのツールです。

第2章

PukiWikiのインストールと初期設定

PukiWikiは、blogツールやCMSツールのようにWebサーバに設置して利用します。インストールは基本的にファイルを置くだけですが、ファイルやフォルダのパーミッションと、設定ファイルの書き方には注意が必要でしょう。本章ではインストールの手順をひと通り説明したあと、設定ファイルについて詳しく解説します。

text by 天野 龍司

2-1 サーバと配布ファイルを用意する ~インストールの準備

PukiWikiを設置するにはWebサーバが必要です。Webサーバを用意する方法は主に2通りあります。

1. レンタルサーバ業者などから借りる
2. 自分でサーバを立てる

本書では、1のレンタルサーバを利用するという前提で解説していきます。

PukiWikiを動作させるためには、PHP 4.1.0以上あるいはPHP5が使えるWebサーバが必要です。PukiWiki公式サイトに動作実績のあるレンタルサーバリストがありますので、そちらを参照して探してみるとよいでしょう。

URL

レンタルサーバリスト ― PukiWiki-official
http://pukiwiki.sourceforge.jp/
「動作実績」→「レンタルサーバ」

PukiWikiの配布ファイル

PukiWikiをインストールするために、まずPukiWikiの配布ファイルを入手する必要があります。

最新バージョンのPukiWiki配布ファイルは、PukiWiki公式サイトで入手することができます。PukiWiki公式サイトのダウンロードページでは過去のバージョンの配布ファイルも公開されていますが、それまでのバグやセキュリティホールなども修正されているので、最新バージョンとして掲載されているファイルをダウンロードしましょう。

URL

PukiWiki/Download ― PukiWiki-official
http://pukiwiki.sourceforge.jp/?PukiWiki/Download

本書では、執筆時の最新バージョンであるPukiWiki 1.4.6を使うことを前提に解説していきます。

ファイルのダウンロード

ダウンロードページを表示すると、図のように最新バージョンのダウンロードページへのリンクがあります。

最新バージョンのダウンロードページには、そのバージョンの変更部分やインストール時の注意事項などが書かれています。一度目を通しておくとよいでしょう。特にこれからインストール作業を行うわけですから、インストール時の注意点は読んでおきましょう。

ダウンロードページにはフルセットファイルだけでなく、バージョンアップ用のファイルが置かれていることもあります。新規インストールにはフルセットファイルを使います。フルセットファイルには、ZIP形式でアーカイブされたファイルと、tar.gz形式のものがあります。自分の環境で解凍できる形式のファイルであればどちらをダウンロードしてもかまいません。

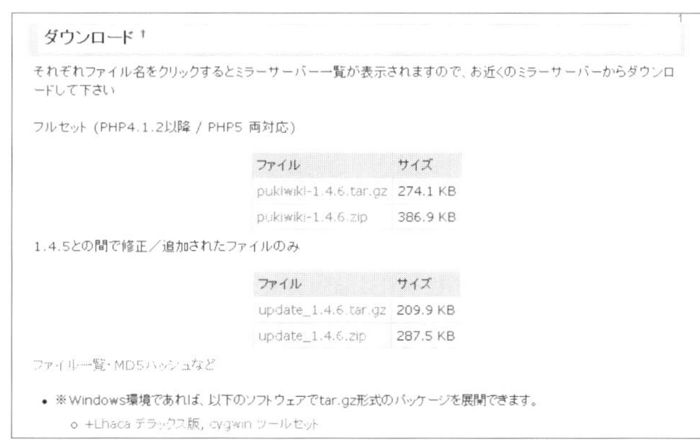

ファイル名をクリックすると図のようなダウンロード先の選択画面になることもあります。この画面が表示されたら、近くのサーバを選択してダウンロードするとよいでしょう。

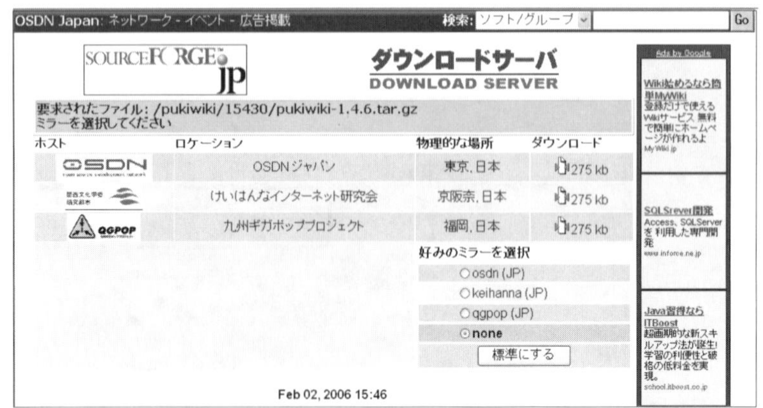

サーバ上でファイルを展開できるならtar.gz形式が便利

サーバ上で配布ファイルを解凍することができる場合は、tar.gz形式のファイルをダウンロードしておくと便利です。

tar.gz形式の配布ファイルでは、各ファイルとフォルダにパーミッションが設定されていますので、`tar`で解凍する際に`p`オプションを利用することで、解凍後は既にパーミッションが設定された状態になり、すぐにPukiWikiを使うことができます。

`p`オプションを使った解凍コマンドの実行例は次のようになります。

```
$ tar pzxf pukiwiki-1.4.6.tar.gz
```

解凍

ダウンロードしたフルセットファイルを解凍すると、`pukiwiki-1.4.6`というフォルダが作成されます。

「pukiwiki-」の後に続く数字はバージョン名です。ダウンロードしたバージョンに置き換えて読んでください。

2-2 最低限の設定 ～ pukiwiki.ini.phpの編集

ファイルをアップロードする前に、**pukiwiki.ini.php**を編集して最低限の設定をしておくとよいでしょう。詳細な設定方法については、この後の2-4「PukiWikiの設定ファイルの詳細」で解説します。

注意！

PukiWikiのファイルは日本語の文字コードにEUC-JPが使われているので、編集するときにはEUC-JPに対応したフリーウエアやシェアウエアのエディタを利用してください。Windows標準の「メモ帳」のようにEUC-JPに対応していないエディタで編集すると、文字化けの原因となります。

サイト名

pukiwiki.ini.phpの114行目あたりに、次のような記述があります。

```
// Title of your Wikisite (Define this)
// and also RSS feed's channel name
$page_title = 'PukiWiki';
```

「**PukiWiki**」となっている箇所を、あなたのWebサイト名に変更してください。

管理者情報

pukiwiki.ini.phpの122行目あたりに次のような設定があります。

```
// Site admin's name (CHANGE THIS)
$modifier = 'anonymous';

// Site admin's Web page (CHANGE THIS)
$modifierlink = 'http://pukiwiki.example.com/';
```

$modifier**に続く**''**内には、管理者の名前を記述し、**$modifierlinkに続く**''**内には、管理者のWebサイトのURLを記述します。

ここに記述した内容は、PukiWikiのフッタに「Site admin」として表示されます。

Last-modified: 2005-08-01 (月) 21:24:31 (16m)

Site admin: anonymous

PukiWiki 1.4.6 Copyright © 2001-2005 PukiWiki Developers Team. License is GPL.
Based on "PukiWiki" 1.3 by yu-ji. Powered by PHP 4.3.9. HTML convert time: 0.201 sec.

管理パスワード

pukiwiki.ini.phpの190行目あたりには、次のように管理パスワードの設定があります。管理パスワードは、ページや添付ファイルの「凍結」などの処理をするときに使われます。

```
// Admin password for this Wikisite

// CHANGE THIS
$adminpass = '{x-php-md5}1a1dc91c907325c69271ddf0c944bc72'; ⏎
// md5('pass')
```

$adminpassにはパスワードをそのままではなく、暗号化した文字列で記述します。管理パスワードの初期値は「pass」ですが、上記の初期状態ではこれをMD5(PHPの**md5**関数)でハッシュした文字列(「**1a1dc91c907325c69271ddf0c944bc72**」)が記述されています。

管理パスワードが初期値のままでは危険なので、**$adminpass**の値はインストール前に変更しておいたほうがよいでしょう。

インストール時にパスワードを設定するときは、パスワードを暗号化した文字列の代わりに、次のようにPHPの**md5**関数を利用してパスワードをそのまま書いておくとよいでしょう。

```
$adminpass = '{x-php-md5}' . md5('ここに管理者のパスワードをそのまま記述');
```

PukiWikiのインストールが完了すれば、PukiWikiを使って暗号化されたパスワードを得ることができますので、インストール後に再編集しましょう[2-1]。

注［2-1］
管理パスワードの設定については2-4（49ページ）を参照してください。

2-3　ファイルのアップロード

解凍してできたファイルを、FTPソフトでサーバにアップロードします。アップロードするのは、解凍してできた**pukiwiki-1.4.6**フォルダの中のファイルとフォルダです。

拡張子が**zip**[2-2]または**txt**になっているファイルは、PukiWikiを動作させるのに不要なので、アップロードしなくてもかまいません。アップロードしなくてもよいファイルは以下の通りです。

注［2-2］
tar.gz形式の配布ファイルをダウンロードしている場合は拡張子が**tgz**になります。

- **README.en.txt.zip**（**README.en.txt.tgz**）
- **wiki.en.zip**（**wiki.en.tgz**）
- **UPDATING.en.txt.zip**（**UPDATING.en.txt.tgz**）
- **UPDATING.txt**
- **README.txt**
- **COPYING.txt**
- **INSTALL.txt**

パーミッションの変更

ファイルのアップロードが完了したら、アップロードしたフォルダとファイルのパーミッションを設定します。

フォルダのパーミッションは、表2-1の通りです。各フォルダ内のファイルについては、表2-2のパーミッションにします。

拡張子がphpのファイルのパーミッションはすべて「644」にします。

表2-1
フォルダのパーミッション

フォルダ名	パーミッション
attach	777
backup	777
cache	777
counter	777
diff	777
image	755
image/face [2-3]	755
lib	755
plugin	755
skin	755
trackback	777
wiki	777

注 [2-3]
「image/face」は「image」フォルダ内の「face」フォルダを指します。

表2-2
各フォルダ内のファイルのパーミッション(.phpファイル以外)

フォルダ名	パーミッション
cache	666
image	644
image/face [2-3]	644
lib	644
plugin	644
skin	644
wiki	666

起動実験とトラブルシューティング

パーミッションの設定が終わったら、PukiWikiをインストールしたURLをブラウザで開いてみましょう。

図のように、PukiWikiの「FrontPage」が表示されましたか？

もし表示されない場合は次の点を確認してください。

・“Internal Server Error”が発生する

お使いのサーバで`.htaccess`の利用が許可されていない可能性があります。PukiWikiをインストールしたディレクトリと`skin`ディレクトリにある`.htaccess`ファイルを削除してください。

・“File is not found or not readable(ファイル名)”と表示される

括弧内に記述されているファイルのパーミッションが`644`以外になっている可能性があります。該当ファイルのパーミッションを確認してください。

・“Directory is not found or not writable(フォルダ名)”と表示される

括弧内に記述されているフォルダのパーミッションが、777以外になっている可能性がありますので、該当フォルダのパーミッションを確認してください。

・“Parse error”が発生する

2-2「最低限の設定～pukiwiki.ini.phpの編集」で、pukiwiki.ini.phpを編集するときに記述ミスをしてしまった可能性があります。

```
Parse error: parse error in /home/~example/public_html/⏎
pukiwiki.ini.php on line 205
        ①                  ②
```

エラーメッセージには、エラーの発生したファイル名（①）とエラーがそのファイルの何行目で発生したのか（②）が表示されています。

エラーが発生したら、エラーメッセージに表示されているファイルを開き該当行付近を注意深く見てみましょう。

原因）文字列を囲む「'」（シングルクォート）または「"」（ダブルクォート）が一致していない。あるいは閉じられていない。

```
$page_title = 'PukiWiki"; ←一致していない
$page_title = 'PukiWiki;  ←閉じられていない
```

原因）文字列中に、文字列を囲んでいるのと同じ「'」（シングルクォート）または「"」（ダブルクォート）がある。

```
$page_title = 'foo's Wiki';
```

下記のように、「¥」を前につけてエスケープするか、囲み記号を変更します。

```
$page_title = 'foo¥'s Wiki';
$page_title = "foo's Wiki";
```

原因）行末の「;」（セミコロン）が無い。

```
$page_title = 'PukiWiki'
```

ファイルの編集中に行末のセミコロンを消してしまうと、エラーメッセージで表示される行番号は、次にセミコロンがある行になります。

例えば、下記のように①でセミコロンが抜けたときに、エラーメッセージで表示される行番号は②の行番号になります。

```
$page_title = 'PukiWiki'        ←①

// Specify PukiWiki URL (default: auto)
//$script = 'http://example.com/pukiwiki/';

// Shorten $script: Cut its file name (default: not cut)
//$script_directory_index = 'index.php';

// Site admin's name (CHANGE THIS)
$modifier = 'anonymous';        ←②
```

エラーメッセージで表示された行に間違いが無い場合は、その手前の行で行末のセミコロンが抜けていないか確認してみるとよいでしょう。

リンクの確認とトラブルシューティング

FrontPageが表示できるようになったら、各リンクが正しく動作しているかも確認しておきましょう。

もしリンク先のページが見つからないような状態になっていたら、PukiWikiの設置URLを設定する必要があります。**pukiwiki.ini.php**に次のような記述のある行を探してください。PukiWikiを設置したURLを**$script**に指定します。

```
// Specify PukiWiki URL (default: auto)
//$script = 'http://example.com/pukiwiki/';
```

通常はPukiWikiが自動的に判断してくれるので設定する必要はありません。PukiWiki内でのリンクが正しいURLにリンクされないようでしたら、**$script**の前にあるコメント記号（**//**）を外して、「**http://example.com/pukiwiki/**」を、あなたがPukiWikiを設置したURLに書き換えてください。

例えばPukiWikiを設置したURLが**http://example.jp/**なら、次のように書き換えます。

```
$script = 'http://example.jp/';
```

2-4 PukiWikiの設定ファイルの詳細

ここまででPukiWikiは動作するようになりました。使い方の詳細は次章に譲るとして、ここでは設定方法をもっと詳しく見ていきましょう。

PukiWikiには、表2-3の4つの設定ファイルがあり、設定ファイルを編集することでPukiWikiの動作を変更することが可能です。

表2-3 PukiWikiの設定ファイル

設定ファイル	説明
pukiwiki.ini.php	PukiWikiサイト名や管理パスワードなど、PukiWiki全体についての設定ファイルです。
default.ini.php	パソコンのブラウザで閲覧したときに使われる表示設定ファイルです。
keitai.ini.php	携帯電話やPDAなどの携帯端末で閲覧したときに使われる表示設定ファイルです。
rules.ini.php	ページ表示時の日時の自動置換とページ保存時の自動置換の書式を定義するユーザルール設定ファイルです。

ここではPukiWiki全体についての設定を行う、**pukiwiki.ini.php**ファイルの主な設定項目について説明します。

言語設定――LANGとUI_LANG

PukiWikiの言語設定には、ページを表示するときに、どの言語の文字コードで表示するかを設定する**LANG**と、ユーザインタフェイスをどの言語で表示するかを設定する**UI_LANG**とがあります。

LANG（文字コード設定）では、ページ表示時に使う文字コードをどの言語の文字コードにするかを設定します。もしサイトを英語で運営するなら、「**ja**」を「**en**」に書き換えるとよいでしょう。

```
// LANG - Internal content encoding ('en', 'ja', or ...)
define('LANG', 'ja');
```

UI_LANG（ユーザインターフェース言語設定）では、ヘッダ部分にある「編集」「差分」など、PukiWikiのユーザインタフェイスをどの言語で表示させるかを設定します。標準の状態では、**LANG**の設定をそのまま使うようになっています。

```
// UI_LANG - Content encoding for buttons, menus,  etc
define('UI_LANG', LANG); // 'en' for Internationalized wikisite
```

PukiWikiの配布ファイルには現在、日本語以外に英語の言語ファイルも用意されていますので、ユーザインタフェイスを英語で表示させたい場合は、「**LANG**」を「**en**」に書き直して明示的に指定することで、英語で表示されるようになります。

ページの本文は日本語で記述することもあるが、英語圏の訪問者のためにユーザインタフェイスは英語にしておきたいという事情があるなら、下記のように**LANG**の設定は標準の日本語のままにしておき、**UI_LANG**だけ英語に設定するという使い方もできます。

```
define('LANG', 'ja');
```

```
define('UI_LANG', 'en');
```

特殊ページ名

PukiWikiでは、いくつかのページは特殊な用途に使われるようになっています。**pukiwiki.ini.php**に、次のように各用途専用に使うページ名を設定する箇所があります。

```
// Default page name
$defaultpage  = 'FrontPage';     // Top / Default page
$whatsnew     = 'RecentChanges'; // Modified page list
$whatsdeleted = 'RecentDeleted'; // Removeed page list
$interwiki    = 'InterWikiName'; // Set InterWiki ⏎
definition here
$menubar      = 'MenuBar';       // Menu
```

それぞれ表2-4のような内容を設定します。

表2-4
特殊ページ名の設定内容

設定項目	説明
$defaultpage	PukiWikiを設置したURLを開いたときに表示されるトップページのページ名を記述します。
$whatsnew	更新日時順にページの一覧を表示するページ名を記述します。ヘッダにある「最終更新」のリンクをクリックするとここで指定されたページが表示されることになります。
$whatsdeleted	削除されたページの一覧を削除日時順に表示するページ名を記述します。
$interwiki	InterWikiNameの定義を書くページ名を記述します。
$menubar	標準のスキンでページの左側に表示されるメニューとして使うページ名を記述します。

このうち**$whatsnew**と**$whatsdeleted**のページ名を変更すると、新しく指定した一覧ページの内容は変更直後は空っぽの状態になります。しかしサイト上のいずれかのページを編集すると、新しく指定した一覧ページも正しく更新されます。この2つのページ名を変更した後は、どこかのページを編集するとよいでしょう。また、この2つのページはPukiWiki上で編集できなくなり、ページ一覧にも表示されなくなります。

トラックバック設定

```
// Enable Trackback
$trackback = 0;
```

注 [2-4]
PukiWiki 1.4.6では、トラックバックの送信はできますが、トラックバックの受信はできないようになっています。

トラックバック機能[2-4]を有効にするか指定します。標準では、「0（無効）」になっていますので、トラックバック機能を使いたい場合は、「0」を「1」に書き直します。

リンク元の表示機能の設定

```
// Referer list feature
$referer = 0;
```

リンク元の表示機能を有効にするか指定します。標準では、「0（無効）」になっています。「1」に書き換えることで、ヘッダ部分に「リンク元」のリンクが表示されるようになります。

WikiName の無効化

```
// _Disable_ WikiName auto-linking
$nowikiname = 0;
```

WikiNameの自動リンクを無効にするかを設定します。有効にしておくなら「0」のままに、無効にするなら「1」に書き換えます。

ページ名の自動リンク設定

```
// AutoLink minimum length of page name
$autolink = 8; // Bytes, 0 = OFF
```

PukiWikiには、ページ内のテキスト中に既に存在するページ名があると自動的にそのページへのリンクを設定する機能があります。

ここでは、何バイト以上のページ名で一致したら自動的にリンクするかを設定します。標準では8バイト以上のページ名と一致すると自動的にリンクされるようになっています。通常日本語は1文字2バイトになりますので、8バイトでは全角で4文字以上のページと一致することになります。

この値を極端に小さくすると、意図しないリンクが多発し、非常に読みづらい状態になりかねません。例えば4バイトに設定した場合に、「京都」というページがあって「東京都」というページが存在しないと、「東京都」と記述したときに「東」はリンクされずに「京都」の部分だけリンクされることになってしまいます。

東京都

ページ名の自動リンク機能を無効にするには、この値を「0」に設定します。

タイムスタンプ更新の許可

```
// Enable 'Do not change timestamp' at edit
// (1:Enable, 2:Enable only administrator, 0:Disable)
$notimeupdate = 1 ;
```

PukiWikiでページを更新すると、普通は「最終更新」欄の先頭に表示されます。しかしページを更新するときに「タイムスタンプを更新しない」にチェックを入れると、ページの最終更新日時が変更されず、「最終更新」の先頭に来なくなります。

この「タイムスタンプを更新せずにページを編集すること」を許可するかどうかを、ここで設定します。標準では「1（誰にでも許可）」になっています。「2」にすると、管理パスワードを入力した場合のみ利用できるようになります。許可しない場合は「0」に書き換えてください。

管理パスワード

```
// Admin password for this Wikisite

// CHANGE THIS
$adminpass = '{x-php-md5}1a1dc91c907325c69271ddf0c944bc72'; ↵
// md5('pass')
//$adminpass = '{CRYPT}$1$AR.Gk94x$uCe8fUUGMfxAPH83psCZG/'; ↵
// CRYPT 'pass'
//$adminpass = '{MD5}Gh3JHJBzJcaScd3wyUS8cg=='; ↵
// MD5   'pass'
//$adminpass = '{SMD5}o7lTdtHFJDqxFOVX09C8QnlmYmZnd2Qx'; ↵
// SMD5  'pass'
```

ページの凍結などで使う管理パスワードを設定します。

インストール前に、次のような簡易な方法で管理パスワードを設定しました。

```
$adminpass = '{x-php-md5}' . md5('ここに管理者のパスワードをそのまま記述');
```

このままでも動作しますが、この状態では**pukiwiki.ini.php**を誰かにのぞき見られたときに、管理パスワードそのものを知られてしまう危険性があります。そこで少しでも安全性を高めるために、暗号化した管理パスワードを記述し直すことをお勧めします。

PukiWikiを利用して、暗号化したパスワードを得ることができます。PukiWikiを設置したURLに**index.php?cmd=md5**をつけたURLを開くと、**md5**関数で暗号化したパスワードを得るためのフォームが表示されます。このフォームを利用して、暗号化したパスワードを得ることができます。例えば**http://example.jp/**にPukiWikiを設置したとすると、次のURLになります。

```
http://example.jp/index.php?cmd=md5
```

ユーザ認証設定

誰もがページを編集できるのがWikiの大きな特徴ですが、PukiWikiは、ページの閲覧・編集にユーザ認証をかけることもできるようになっています。認証を有効にすることで、特定のユーザのみが閲覧・編集できるページを作成することができるようになります。

認証設定は大きく分けて5つに別れています。

- ユーザ定義
- 認証方法設定
- 閲覧認証設定
- 編集認証設定
- 検索認証設定

・ユーザ定義

```
// User definition
$auth_users = array(
  'foo' => 'foo_passwd', // Cleartext
  'bar' => '{x-php-md5}f53ae779077e987718cc285b14dfbe86', ⏎
// md5('bar_passwd')
  'hoge'     => '{SMD5}OzJo/boHwM4q5R+g7LCOx2xGMkFKRVEx', ⏎
// SMD5 'hoge_passwd'
);
```

ユーザ定義（**User definition**）では、デフォルトはサンプルとして**foo**／**bar**／**hoge**の3ユーザが設定されています。認証機能を使うのならば、この3ユーザは削除して、新たにユーザを追加するとよいでしょう。

ユーザ設定は、「**$auth_users = array(**」と「**);**」の間に、次の形式で必要なだけ記述します。

```
' ユーザ名 ' => ' パスワード ',
```

パスワードはそのまま記述することも、暗号化したパスワードを記述することもできるようになっています。

・**認証方法設定**

```
// Authentication method

$auth_method_type = 'contents';      // By Page contents
//$auth_method_type = 'pagename';    // By Page name
```

認証方法設定（**Authentication method**）では認証が必要なページかの判定を「ページ名」で行うのか、「ページの内容」で行うのかを指定します。標準では、「ページの内容」で認証が必要かどうかを判定するようになっています。

「ページ名」で判定したい場合は、下記のように［//］の位置を変更して**$auth_method_type = 'pagename';**が有効になるように編集します。

```
//$auth_method_type = 'contents';    // By Page contents
$auth_method_type = 'pagename';      // By Page name
```

・**閲覧認証設定**

```
// Read auth (0:Disable, 1:Enable)
$read_auth = 0;

// Read auth regex
$read_auth_pages = array(
  '#ひきこもるほげ#' => 'hoge',
  '#(ネタバレ|ねたばれ)#' => 'foo,bar,hoge',
);
```

特定のページを閲覧するときに認証を必要とするには、閲覧認証を有効にして認証対象を定義する必要があります。

閲覧認証を有効にするには、次のように**$read_auth**を「**1**」にします。

```
$read_auth = 1;
```

認証対象の定義は、「**$read_auth_pages = array(**」と「**);**」の間に、認証対象となる正規表現と認証対象となったページを閲覧できるユーザを次の形式で記述していきます。

```
' 認証対象の正規表現 ' => ' ユーザ名 ',
```

・編集認証設定

```
// Edit auth (0:Disable, 1:Enable)
$edit_auth = 0;

// Edit auth regex
$edit_auth_pages = array(
   '#Barの公開日記#'       => 'bar',
   '#ひきこもるほげ#'       => 'hoge',
   '#(ネタバレ|ねたばれ)#'  => 'foo,bar,hoge',
);
```

編集時に認証をかけたい場合は、**$edit_auth**を「**1**」に設定し、**$edit_auth_pages**に認証対象となる正規表現と対象ユーザを閲覧認証と同様に記述します。

・検索認証設定

```
// Search auth
// 0: Disabled (Search read-prohibited page contents)
// 1: Enabled  (Search only permitted pages for the user)
$search_auth = 0;
```

閲覧認証対象となっているページを検索対象から除外するかを設定します。標準では、閲覧認証対象となっているページも検索対象になっています。**$search_auth**を「**1**」にすると、閲覧認証対象となるページは、通常の検索対象から除外されます。ただし、そのページを閲覧できるユーザが検索したときは検索対象に含まれます。

最終更新ページに表示する項目数

```
// $whatsnew: Max number of RecentChanges
$maxshow = 60;

// $whatsdeleted: Max number of RecentDeleted
// (0 = Disabled)
$maxshow_deleted = 60;
```

先ほど特殊ページ名で説明した**$whatsnew**および**$whatsdeleted**のページで一覧表示する項目数を設定します。

編集禁止ページ

```
// Page names can't be edit via PukiWiki
$cantedit = array( $whatsnew, $whatsdeleted );
```

「**$cantedit = array(**」と「**);**」の間に、編集を禁止するページ名をカンマ（**,**）で区切って記述します。

日時の表示フォーマット

```
// Date format
$date_format = 'Y-m-d';

// Time format
$time_format = 'H:i:s';
```

$date_format**で日付の表示フォーマット、**$time_formatで時間の表示フォーマットを設定します。

表示フォーマットの書式はPHPの**date**関数の書式と同じになっています。日時の表示フォーマットを変更するときは、PHPマニュアルの**date**関数の説明を参照するとよいでしょう。

URL

```
http://jp2.php.net/manual/ja/function.date.php
```

RSSの最大項目数

```
// Max number of RSS feed
$rss_max = 15;
```

RSSに、最大何ページ分の更新情報を含めるかを設定します。

バックアップ設定

Wikiに不慣れなユーザがうっかりページ内容を消してしまったり、悪意を持ったユーザがページ内容をデタラメに書き換えてしまうなどの望まない編集が行われたときに、以前の状態に戻すことができるように、PukiWikiにはバックアップ機能が備わっています。

```
// Enable backup
$do_backup = 1;
```

$do_backup**で、バックアップを行うかを設定します。**$do_backupを「**0**」にするとバックアップ機能が無効になりますが、いざというときに以前の状態にもどせるようにバックアップ機能は有効にしておくことをお勧めします。

・ページを削除したときに、バックアップも一緒に削除するかを設定

```
// When a page had been removed, remove its backup too?
$del_backup = 0;
```

標準ではページを削除してもバックアップは削除されません。**$del_backup**を「**1**」にするとページ削除と同時にバックアップも削除されるようになります。

Wikiでは誰でもページを削除することが可能なので、イタズラやミスでページが削除されることがあります。削除されたページを復元できるように、バックアップを削除しない設定のままにしておくことをお勧めします。

・バックアップ間隔とバックアップを何世代分残すかを設定

```
// Bacukp interval and generation
$cycle  =   3; // Wait N hours between backup (0 = no wait)
$maxage = 120; // Stock latest N backups
```

$cycle**でバックアップ間隔、**$maxageでバックアップを何世代分残すかを設定します。

ページが更新されたときに、前回のバックアップから**$cycle**で指定された時間が経過していると新たなバックアップが行われます。バックアップ数が設定された世代数を上回ると古いバックアップから削除されます。

$cycleを「**0**」にすると、ページを更新するたびに新たなバックアップが作成されますが、世代数を超えたバックアップは削除されます。悪意を持ったユーザが同じページを連続で編集するなどして設定された世代数を超えてしまうと、ページ内容を復元するためのバックアップが事実上損なわれてしまいますので、「**0**」にすることはお勧めしません。

更新通知メール設定

ページの更新があったときに、指定されたメールアドレス宛に更新内容を通知するように設定できます。

```
// Send mail per update of pages
$notify = 0;
```

標準ではメール通知は無効になっています。ページが更新されたときにメールを送るようにするには**$notify**を「**1**」に設定します。

・更新通知メールに、変更のあった部分だけを記載するかを設定

```
// Send diff only
$notify_diff_only = 1;
```

標準では変更箇所だけを通知するようになっています。**$notify_diff_only**を「**0**」にすると、更新されたページの内容がすべて記載されるようになります。

・更新通知メールの送信先メールアドレスと送信者メールアドレスを設定

```
// Mail recipient (To:) and sender (From:)
$notify_to   = 'to@example.com';    // To:
$notify_from = 'from@example.com';  // From:
```

$notify_to**に送信先メールアドレス、**$notify_fromに送信者メールアドレスを記述します。送信先メールアドレスは下記のようにカンマ（**,**）で区切って複数指定することも可能です。

```
$notify_to = 'to@example.jp,to2@example.jp';
```

・更新通知メールの件名を設定

```
// Subject: ($page = Page name will be replaced)
$notify_subject = '[PukiWiki] $page';
```

$page**は、更新されたページのページ名に置換されます。例えば「FrontPage」が更新されたとすると**$pageが「**FrontPage**」に置換され、「**[PukiWiki] FrontPage**」という件名になります。

無視ページ設定

「最終更新」や「一覧」などに表示させたくないページを「無視ページ」として設定することができます。

PukiWikiには、一部のプラグインの動作設定など、サイトのコンテンツとは

直接関係しないページもあります。そのようなページを無視ページに指定しておくと、「最終更新」などに表示されなくなります。ページの一覧にはコンテンツが記述されたページだけが並ぶことになり、見やすくなります。

・無視するページのページ名を正規表現で設定

```
// Regex of ignore pages
$non_list = '^¥:';
```

標準ではページ名が「**:**」で始まるページが無視されるようになっています。

・無視するページを検索対象に含めるかを設定

```
// Search ignored pages
$search_non_list = 1;
```

検索対象としたくない場合は、**$search_non_list**を「0」にします。

自動雛形設定

PukiWikiには、新規にページを作成したときに、作成されるページ名をもとにして自動的に雛形となるページを読み込むことができます。

```
// Template setting

$auto_template_func = 1;
$auto_template_rules = array(
  '((.+)¥/([^¥/]+))' => '¥2/template'
);
```

自動的に雛形を読み込む機能を無効にしたい場合は、**$auto_template_func**を「0」に設定します。

$auto_template_rulesで、作成されるページ名とそのページで読み込む雛形のページ名を正規表現を使って設定します。標準では「**/**」を含む疑似階層化されたページに対して同じ階層にある**template**というページを雛形として読み込むようになっています。

例えば「**SampleCategory/NewPage**」ページを新規作成したときは、**SampleCategory/template**が雛形として読み込まれます。

アンカータグ自動挿入設定

```
// Automatically add fixed heading anchor
$fixed_heading_anchor = 1;
```

PukiWikiには見出しに自動的にアンカータグを挿入する機能が備わっていますが、この機能を無効にしたい場合は、**$fixed_heading_anchor**を「**0**」に設定します。

自動改行設定

```
// Convert linebreaks into <br />
$line_break = 0;
```

ページ編集時に次のように改行を入れても、標準では改行されずに表示されます。

・編集時の記述例

```
編集時に改行しても、標準では改行された表示になりません。
設定を変更することで改行された表示になります。
```

・$line_break = 0; での表示例

```
編集時に改行しても、標準では改行された表示になりません。設定を変更するこ
とで改行された表示になります。
```

$line_breakを「**1**」に設定することで、改行位置に自動的に「**
**」タグが挿入されるようになり、編集時と同じように改行された表示になります。

・**$line_break = 1;** での表示例

```
編集時に改行しても、標準では改行された表示になりません。
設定を変更することで改行された表示になります。
```

プロキシ設定

トラックバックやRSSの取得などで外部サイトと情報をやりとりする際に、プロキシを経由する必要があるならば、プロキシ設定を行います。

```
// Use HTTP proxy server to get remote data
$use_proxy = 0;
```

標準ではプロキシを使わない設定になっています。プロキシを利用する場合は、**$use_proxy**を「**1**」にします。

・プロキシのホスト名と接続ポートを設定

```
$proxy_host = 'proxy.example.com';
$proxy_port = 8080;
```

$proxy_host**でプロキシのホスト名、**$proxy_portで接続ポートを設定します。

・ベーシック認証について設定

```
// Do Basic authentication
$need_proxy_auth = 0;
$proxy_auth_user = 'username';
$proxy_auth_pass = 'password';
```

2 PukiWikiのインストールと初期設定

利用するプロキシでベーシック認証が必要な場合に、ベーシック認証について設定します。**$need_proxy_auth**を「**1**」にするとベーシック認証を行います。**$proxy_auth_user**でベーシック認証のユーザ名、**$proxy_auth_pass**でパスワードを設定します。

・プロキシを経由する必要がないホスト名を設定

```
// Hosts that proxy server will not be needed
$no_proxy = array(
  'localhost',      // localhost
  '127.0.0.0/8',    // loopback
//'10.0.0.0/8'      // private class A
//'172.16.0.0/12'   // private class B
//'192.168.0.0/16'  // private class C
//'no-proxy.com',
);
```

「**$no_proxy = array(**」と「**;)**」の間に、プロキシを経由する必要がないホスト名をカンマ（**,**）区切りで記述します。

第3章

PukiWikiを使おう

PukiWikiはそれほど難しいソフトウェアではありません。Webページをテキストボックスから編集して、自由に書き換えることができます。とはいっても、馴れないうちは特有の省略記法などにとまどうことが多いでしょう。本章では実際にページを編集していく手順に沿って、PukiWikiの使い方を説明します。

text by 増井 雄一郎

3-1 PukiWikiをさわってみよう

PukiWikiは、さわって慣れるのが一番！　さっそく、第2章でインストールしたPukiWikiを使って、実際にサイトを作ってみましょう。

まずはインストールしたサイトにアクセスしてみます。インストールしたURLにアクセスすると図3-1のような画面が表示されます。

PukiWikiの画面は大きく4つに分けることができます。上から順に見ていきましょう。

左上のロゴと「FrontPage」と書かれている部分がヘッダ部です。ここには、現在アクセスしているページ名が表示されます。図3-1では現在見ているページが「FrontPage」というページであることを表しています。

その下には、ナビゲータ部があります。通常のページはこのようなメニューが表示されていますが、ページの種類や設定によって項目は変わります。

ナビゲータの下の部分が、コンテンツ部になります。コンテンツ部は左側のメニューバーと、右のボディ（本文）に分かれます。メニューバーはどのページを開いても同じ内容が表示されるので、サイトのナビゲーションに使われます。右のボディー部に、そのページのコンテンツが表示されます。

そしてページの一番下がフッタ部です。ここには、ナビゲーションのアイコンや最終更新日時、サイトの管理者名やPukiWikiのコピーライトが表示されます。

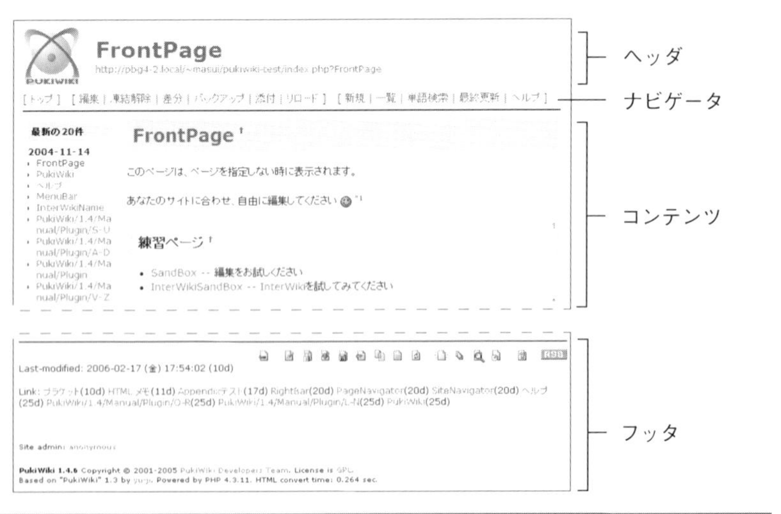

図3-1
PukiWikiの「FrontPage」

FrontPageから見て回ろう

さっそく、このサイトの中を見ていきましょう。PukiWikiをインストールしたときに、初期データとして簡単な説明ページが作られています。ページを見るだけなら、普通のWebページとほとんど同じようにアクセスできるので、特に戸惑うことはないでしょう。

PukiWikiにアクセスしたとき最初に表示されるのは、通常「FrontPage」というWikiページです。このページがサイトのトップページとなります。

左のメニュー部には、最近更新されたページが10件並んでいます。インストール直後は適当な順番になりますが、以後はページを更新したときに、そのページがこの欄に表示されます。よく訪れるWikiサイトならこの部分さえ見ていれば、更新されたページだけをチェックできます。

PukiWikiは、コンテンツの中のリンクをたどるだけでなく、サイトの中を見て回るためにナビゲーションの中にいくつか便利な機能があります。

これらのナビゲーション機能を使うことで、初めて訪れたWikiサイトでも、簡単に全容を把握できます。

一覧

ナビゲーションの「一覧」をクリックすると、このPukiWikiのすべてのページがアルファベット順で表示されます。

図3-2
PukiWikiの「一覧」ページ

ページ名の後ろに、「(314d)」や「(221d)」というようにカッコでくくられた文字列があります。これは、このページが最後に更新されてから何日経ったかを表しています。「BracketName(314d)」と表示されている場合、BracketNameというページは最後に更新されてから314日経っています。この最終更新が「d」で終わる場合には日数（days）を、「h」で終わる場合には時間数（hours）を、「m」の場合は分（minutes）を表しています。

ページの一覧では、ナビゲーションのメニューが少なくなっています。このページは編集できないので、編集関係のメニューがなくなっているからです。

一覧ページ特有の項目に「ファイル名の一覧」があります。ここをクリックするとサーバに保存されているファイル名が表示されます。これを使うことは、プラグイン開発など以外ではあまりないでしょう。

単語検索

PukiWikiでサイトを作れば、全文検索機能が付いてきます。ナビゲーションの「単語検索」をクリックすると、検索フォームに移ります。テキストボックスに検索したい単語を入力して検索ボタンを押すと、このサイトからその単語を含んだページを表示します。

検索キーワードがページ名に含まれる場合は、その部分が太字で黄色くハイライト表示されています。ハイライトがされていないページは、そのページの中にヒットした検索キーワードがあるということです。

図 3-3
PukiWikiでの単語検索

複数の単語から検索したい場合は、半角スペースで区切って入力してください。全角スペースでは認識されず、1つの単語と認識されてしまうので気をつけてください。複数の単語をすべて含んだページを検索するときは「AND検索」を選択し、入力した単語のどれか1つでも含んだページを検索するときは「OR検索」を選択します。

TIPS

Yahoo!やGoogleなどほとんどの検索エンジンサイトがデフォルトで「AND検索」なので、通常はそちらを選択すればよいでしょう。

コラム

検索にかかる負荷

PukiWikiにとって、検索は非常に負荷のかかる処理です。ページ数が多いサイトや、サーバスペックに余裕がないサイトでは、検索を控えるようにしてください。特に一般に公開されているサイトでホスティングサービスなどを使っている場合は、あまり検索を多用するとサーバに負荷がかかり過ぎ、運営者の迷惑になってしまいます。最悪の場合、サーバが停止されます。

最終更新

ページの一覧表示では、ページの名前順で表示されていましたが、ナビゲーションの「最終更新」をクリックすると、一番最後に更新されたページが上に来るように、更新時間順でリストアップされます。

最終更新ではすべてのページが表示されるのでなく、最新の60件が表示されます。この件数は変更できるので、2-4（53ページ）を参照してください。

3-2 ページを書き換えてみよう

PukiWikiの特徴は、誰でもページを書き換えられるところです。インストールしてページを見ているだけではつまらないので、さっそくページを編集してみましょう。PukiWikiはどのページでも書き換えることができるのですが、初めからトップページを書き換えるのも気が引けます。

PukiWikiには練習用のページとして、「SandBox（サンドボックス＝砂場）」というページが用意されています（図3-4）。まずはこれを編集してみましょう。SandBoxへはFrontPageからたどることができます。ナビゲータから「トップ」を押せば、FrontPageへ移動します。デフォルトでは画面中央付近に「練習ページ」としてSandBoxへのリンクがあります。

図3-4
SandBox

凍結解除する

PukiWikiのSandBoxは、SPAM対策のためデフォルトで凍結状態になっています。ナビゲータの「編集」をクリックすると、「SandBox は編集できません（凍結解除）」と表示されます。

凍結されたページを編集するためには、先に凍結解除する必要があります。このページにある「凍結解除」のリンクをクリックするか、SandBoxのページのナビゲータの「凍結解除」をクリックしてください[3-1]。

注［3-1］
ナビゲータに「凍結解除」が無く、代わりに「凍結」のリンクがある場合、そのページは凍結されていません。そのまま編集でき、また逆に凍結させることができます。凍結機能については3-3（78ページ）を参照してください。

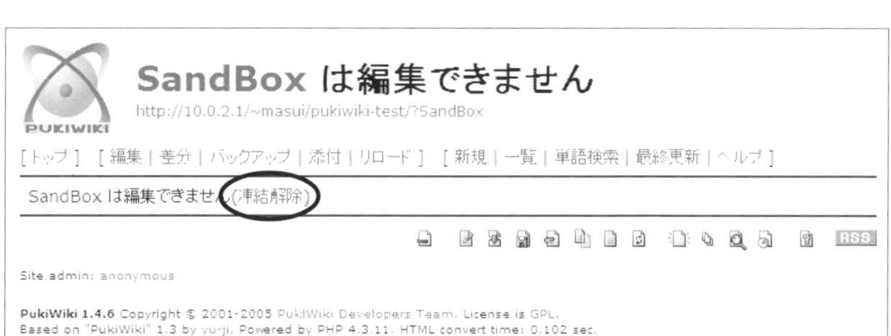

凍結解除にはパスワードが必要になります。ここでは、インストール時に**pukiwiki.ini.php**で設定したパスワードが使われます[3-2]。パスワードを正しく入力すると、凍結が解除され、編集画面へ移ります。

注［3-2］
パスワードの設定については2-2（38ページ）および2-4（49ページ）を参照してください。

本文の編集

さて、実際にページを編集してみましょう。凍結解除した場合には、そのまま編集画面になっています。凍結されていなかった場合には、ナビゲータの「編集」をクリックします。コンテンツ部にテキストボックスが表示されています。これがいま表示されていたページのソースです。

図3-5

PukiWikiの編集画面

HTMLではなく、見慣れない書き方のソースが表示されていると思います。Wikiでは「Wiki記法」といって、独自のフォーマットで記述します。ここにHTMLを書いても、そのまま文字列として表示されてしまいます。

このWiki記法は、HTMLに比べて非常に簡単です。HTMLのようなタグではなく、行頭に修飾子をつけたり、文字を記号でくくったりします。HTMLに比べて普通のテキストに近く、PukiWikiを使わないでも読みやすいという利点があります。

PukiWiki記法

PukiWiki特有の記法には、2種類のフォーマットがあります。

1つは「ブロック要素」と呼ばれ、行の頭に修飾子を付けるタイプです。段落やリスト構造、プラグインなどがこれにあたります。基本的に1行以上のブロックに要素が適用され、1つのブロックに同時に複数の要素を適用することはできません。

もう1つは「インライン要素」と呼ばれ、文字の大きさや色の変更、リンクがこれにあたります。Wikiの最大の特徴である「WikiNameによる自動リンク」もインライン要素の1つです。

テキストを書いてみよう（色指定付き）

Wikiの記法は、考えるより書いて慣れるのが一番です。実際に書いてみましょう。

普通にテキストを表示するだけなら、普通にそのまま入力するだけです。試しにSandBoxの先頭に下記のように書き加えてみましょう。

```
テスト書き込み
&color(red){赤は3倍速い};
```

書き加えたら「プレビュー」ボタンを押してみましょう。いま書いた内容が表示されます。

ここから次のことがいえます。

- 文字の色を変えるには「`&color(色){文字列};`」と指定します。
- PukiWikiではソースで改行しても表示には反映されません[3-3]。これはHTMLなどと同じです。

注 [3-3]
設定によってはソースの改行を表示に反映させることもできます。2-4（58ページ）を参考にしてください。

これで良ければ、このままページ下部の「プレビュー」をクリックします。もし間違いなどを発見したときは、下に編集用のテキストボックスがあるので、これを変更し、また「ページの更新」をクリックします。

改行

改行するためには、行末にチルダ（~）を付けます。

ページ下部のテキストボックスを編集して、チルダを加えてみます。

```
テスト書き込み ~        ← チルダを追加
&color(red){赤は3倍速い};
```

書き加えたら「プレビュー」ボタンを押してみましょう。

今度は、チルダのところで改行されています。HTMLでは、**br**タグに相当します。

このようにPukiWikiの記法は、かなり自由度の高いフォーマットです。HTMLで書けることのほとんどが、このPukiWiki構文で記述できます。

新しいページを作ってみる

すべての記法を覚えて使うのはちょっと大変なので、まずはよく使う記法だけを使ってページを作ってみましょう。

PukiWiki上に新しいページを作るには、主に2種類の方法があります。1つは、ナビゲーションメニューの「新規」をクリックし、ページ名を指定して作る方法です。もうひとつはページ内の「?」が付いた単語をクリックして、その単語のページを作る方法です。

今回は、新規に「テスト」というページを作ります。ナビゲータから「新規」をクリックして、「ページ新規作成」画面で「テスト」と入力します。すると、「テストの編集」画面になります。

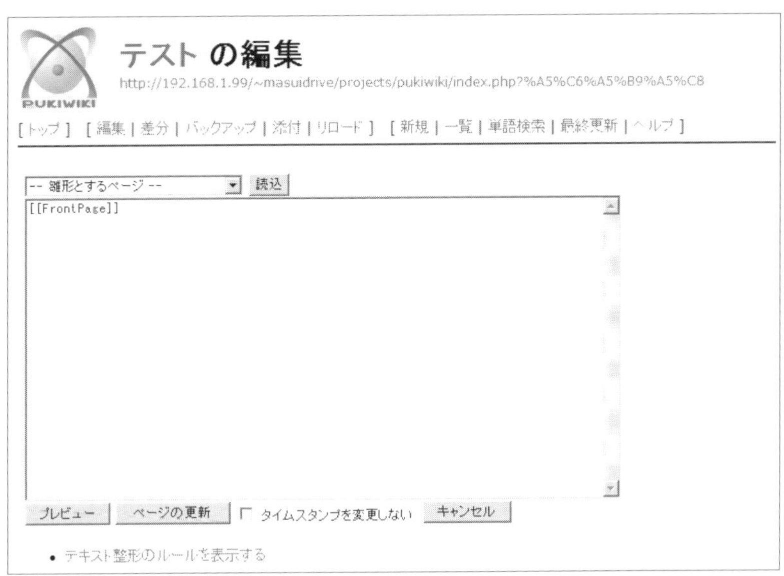

新規でページを作る場合には、編集用のテキストボックスにPukiWiki記法で内容を記述していきます[3-4]。

編集用のテキストボックスの上に、「-- 雛形とするページ --」というドロップダウンボックスと「読込」ボタンがあります。ここで既存のページを選択して「読込」ボタンを押せば、そのページの内容をいま編集しているページに読み込むことができます。既存のページをベースにして新しく文章を作る場合には便利

注 [3-4]
ページを削除する場合には、編集用のテキストボックスを空にして「ページの更新」ボタンをクリックします。

な機能です。しかし、サイトのページ数が多い場合、このドロップダウンボックスから選択するのが難しくなってしまうという問題もあります。

よく使うPukiWiki記法

PukiWikiは非常に柔軟性が高いため、PukiWiki記法も結構複雑になっています。しかし表3-1の6個の記法さえ覚えれば、多くの場合、問題なくページを作ることができます。

表3-1

基本的なPukiWiki記法

表示	記法	対応するHTML
見出し	*、**、***	h1、h2、h3
リスト	-、--、---	ulとli
改行	~	br
段落	(空行)	p
1行コメント欄	#comment	——
文字の色	&color(色){文字};	<div style="color～">～</div>

実際にどのように表示されるかを例を見ながら試してみましょう。下のコードを編集画面に入力して、プレビューしてみてください。表示結果は図3-6のようになります。この結果を見ながら解説していきましょう。

```
*テスト1
 まずは試しに、一項目。~
文字の&color(gray){色};も変えられます。

**PukiWikiの主な使われ方


-2chなどのまとめサイト
-自分用メモ
--公開サイト
--非公開で自分用
-社内
--グループウエアとして
---カレンダープラグイン
---議事録
```

```
--開発用
---進捗管理
---ドキュメント管理
他にも、色々あるはず。

*コメント
このページに関するコメント求む
#comment
```

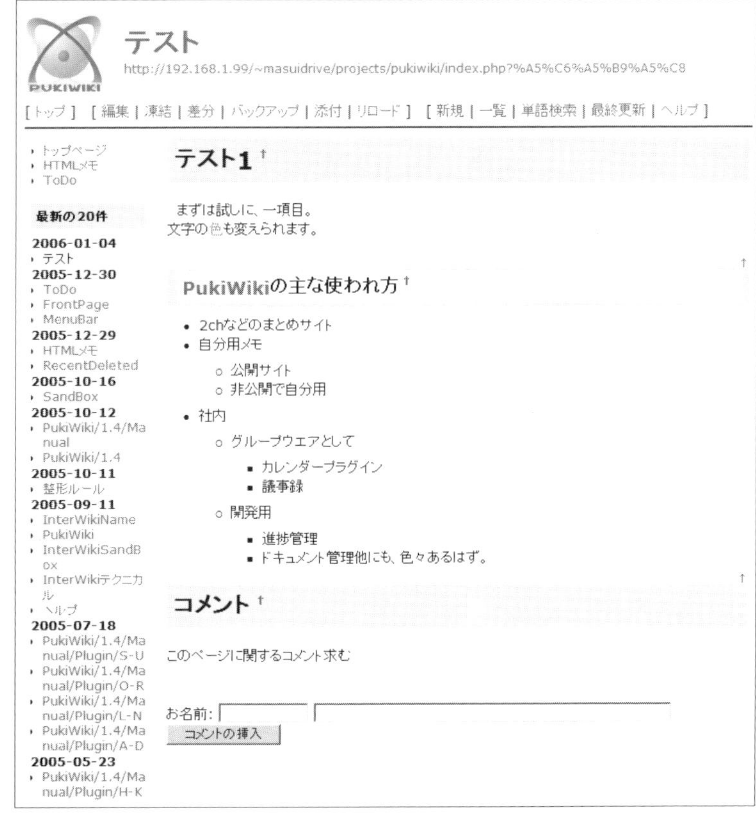

図 3-6
簡単な PukiWiki 記法のサンプル

見出し

アスタリスク（*）で始まる行は、見出し行として扱われます。この見出しは3段階あり、アスタリスク1個だと大見出し、2個だと中見出し、3個だと小見出しとなります。通常は、ページ内の段落のタイトルとして使います。

見出しには、自動で「†」記号が付き、ここにアンカータグで名前が付きます。ページ内の段落単位でパーマネントリンクを張れるようにしたい場合に有効です。

リスト

箇条書きなど、リスト形式で表示させたいときはマイナス（-）で行を始めます。このリストも3段階あります。4段階目を作ろうとすると横線になってしまいます。これは「----」が区切り線という意味になっているからです。

マイナスの代わりにプラス（+）を使うと、番号付きのリスト表示（HTMLではol要素）になります。

```
- レベル1
-- レベル2
--- レベル3
- レベル1

+ レベル1
++ レベル2
+++ レベル3
+++ レベル3
++ レベル2
+ レベル1
```

▼

• レベル1
○ レベル2
▪ レベル3
• レベル1
1. レベル1
i. レベル2
a. レベル3
b. レベル3
ii. レベル2
2. レベル1

なお、サンプルではリストの後に改行して「他にも、色々あるはず。」と書いていますが、プレビューするとリストの最後の行につながってしまっています(図3-6)。リストでは、次の行が見出し行などの特殊な行でない限り、前の行に続けて表示されます。

リストの次に普通の行を記述するには、次のように1行空行を入れて段落を分けるようにします。

```
--- 進捗管理
--- ドキュメント管理
                        ←空行を入れる
他にも、色々あるはず。

* コメント
```

▼

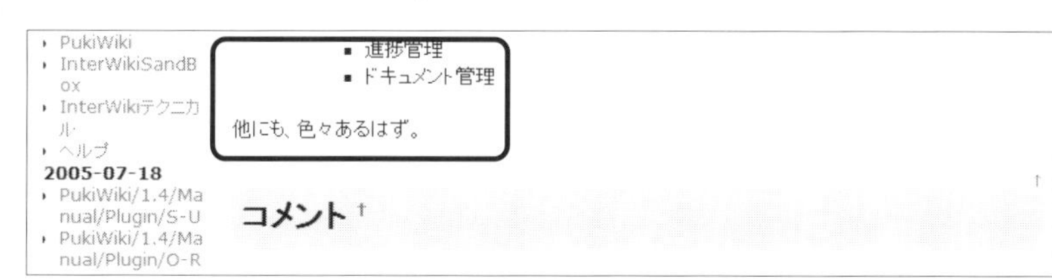

コメントプラグイン

シャープ（#）で始まる行は「プラグイン」です。#comment はコメントプラグインを呼び出して、その場所に1行コメントを追加するためのフォームを表示します。

PukiWikiには、50個近いプラグインが標準添付されており、掲示板機能やカレンダーの表示、RSS出力やTrackbackといったblogで使われる機能もPukiWikiで使えるようになっています。例えば「#contents」と書くことで、見出し行を抜き出し、ページ内の目次を簡単に作ることができます。

このプラグイン機能を駆使すれば、PukiWikiだけで高価なグループウエアのような使い方も可能です。CGIやPHPなどがわからなくても、簡単に掲示板やメールフォームなどを設置できるのも、PukiWikiの大きな魅力となっています。

プラグインの詳細は第5章とAppendix Bで解説しています。

WikiNameでリンク

Wikiの特徴の1つとして、「WikiName（ウィキネーム）」によるリンクが挙げられます。「SandBox」や「WikiName」、「GyuDon」など小文字のアルファベットからなる単語の先頭1文字を大文字にして繋いだ単語をWikiNameといいます。例を表3-2に示します。

表3-2
WikiNameとして使える／使えない例

文字列	WikiNameとして使えるか？
MasuiDrive	○
MASUIDrive	×
GyuDon	○
RoR	×
Present4You	×
PresentForYou	○
MayTheForceBeWithYou	○

このWikiNameを文中に書くと、そのWikiNameと同名のページがあれば、自動的にリンクが張られます。例えば、文中に「FrontPage」と書くと、FrontPageのページに自動的にリンクが張られます。ページの中の面白い単語はWikiNameにしておけば、その単語をたどることでいろいろな情報を引き出せるというのがWikiの面白さの1つです。

もしWikiNameと同名のページがなければ、WikiNameの最後にハテナマーク（?）が付き、そのページの新規作成ページにリンクが張られ、その単語に関する情報を書き込むことができます。これは、ダングリングリンク（Dangling link＝未決定のリンク）と呼ばれます。

PukiWikiでは、リンク元のページを「関連するページのリンク（related link）」として簡単に参照できます。これによって、同じWikiNameを持つページを簡単に探し出すことができ、同じ話題のページ間を手軽に行き来できます。

日本語はBracketNameでリンク

WikiNameには、アルファベットしか使えないという問題があります。日本語はWikiNameにならないので、自動リンクの機能や関連するページのリンク機能が使えません。そこでPukiWikiでは、2つの方法で日本語でも簡単にWikiページへのリンクが張れるようになっています。

日本語やWikiNameにならない単語でページを作ってリンクを張りたい場合、PukiWikiでは「BracketName（ブラケットネーム）」を使います。

BracketNameでは、「[[単語]]」のようにブラケットで囲った単語が、WikiNameと同じように扱われます。このBracketNameを使えば、どんな単語もブラケットで囲うだけでリンクを張ることができます。

例えば、文中に「[[オープンソース]]」というBracketNameを入れておき、「オープンソース」というWikiページの中にその単語に対する説明を書いておきます。こうすることで文中の「オープンソース」をクリックすると、「オープンソース」ページにジャンプすることができます。

またBracketNameを使えば、表示とリンク先のページを別にできます。「[[表示名>リンク先のページ名]]」のように書けば、表示は「表示名」ですが、クリックすると「リンク先」にジャンプします。

AutoLinkで自動リンク

実はPukiWikiでは、BracketNameを使わなくても自動的にリンクを張る「AutoLink（オートリンク）」機能が備わっています。これは、既にあるページ名と同じ単語が文中に現れると、自動でリンクが張られる機能です。

例えば「オープンソース」というWikiページが既にそのサイトに存在する場合、文中に「オープンソース」と書くだけで、そのページにリンクが張られます。

このAutoLink機能では、あまり短い単語でリンクを張ってしまうとサイトがわかりづらくなります。このため初期値では、ページ名が8バイト（全角4文字）以上のページのみリンクが張られるようになっています[3-5]。

この機能を使えば、サイトが大きくなってからでも、例えば「ライセンス」というページを作るだけで、簡単にライセンスに関するページを引き出すことができます。

注［3-5］
もっと短いページ名でリンクを張りたい場合は、2-4（47ページ）を参考にしてください。

外部のページにリンクを張る

外部のページに対しては、そのURLを書くだけでリンクが張られます。自動でリンクが張られるプロトコルは、http、https、ftpです。またメールアドレスも、書くだけで`mailto:`のリンクが張られます。

普通の文字列にリンクを貼りたい場合は、ブラケットを使って「[[表示:URL]]」のように書きます。翔泳社にリンクを張る場合には、次のように書きます。

```
[[翔泳社:http://www.shoeisha.co.jp]]
```

このようにURLでリンクを張った場合は、関連するページのリンクなどには反映されません。

3-3 凍結・差分・バックアップ

凍結――ページを変更できないようにする

Wikiは、誰でもどのページでも書き換えられるのが特徴です。その反面、信頼性のあるコンテンツを作ることが難しいという問題もありました。また、Wikiスパムと呼ばれる問題もあります。、FrontPageやSandBoxなどの、どのサイトにもあるページに広告メッセージやURLが書き込まれる被害が起きています。

そこでPukiWikiでは「凍結」といって、ページごとに編集制限をかけることができます。インストール後の初期状態では、FrontPageやSandBoxがこの凍結機能によって、編集が行えないようになっています。

SandBoxは本来、Wikiに慣れてもらうための練習用として使って貰うページでした。しかしWikiスパムの対象になりやすいため、PukiWikiでは標準の状態では凍結し、変更できないようになっています。このページの凍結を解除するには、前述したように凍結解除用パスワードを入力し、編集可能な状態にする必要があります。

逆に編集可能なページを凍結し、管理者以外は変更できないようにもできます。凍結したいページを開き、ナビゲータの「凍結」をクリックして、凍結用のパスワードを入力します[3-6]。テキストボックスにパスワードを入力して「凍結」ボタンを押すと、ページが凍結され、次に「凍結解除」するまでは編集を行うことができません。

凍結用パスワードは、1つのPukiWikiサイトに1つだけ指定でき、サイト内の全ページで共有されます。ページごとあるいはユーザごとに別のパスワードを付けることはできません。複数のユーザとパスワードを登録してページごとに権限を設定する場合には、2-4「ユーザ認証設定」(50ページ)で解説しているユーザ認証機構を使ってください。

注 [3-6]
パスワードの設定については2-2(38ページ)および2-4(49ページ)を参照してください。

差分——ページの変更箇所を知る

Wikiの問題点の1つに、どのページがいつ、どのように書き変わったのかを把握しづらいということがあります。

変更されたページは、左のメニューバーにある「最新の20件」や、ナビゲーションメニューの「最終更新」で、自分が最後にアクセスした後に更新されたページを確認できます。またRSSでも更新ページを取得できます。RSSリーダを使っている方はこちらを使うと便利でしょう。

しかし、これらの情報では、変更されたページのページ名だけしか知ることができません。これだけでは、ページがどのように変更されたかを把握することは困難です。

そこで、PukiWikiには、変更点を簡単に知るために「差分」という機能があります。この機能では、ページが最後の更新でどのように変更されたかを一目で把握できるようになっています。何度か更新されたページを開き、ナビゲーションメニューの「差分」をクリックすると、現在のページと、1つ前のページの差分が表示されます。

図3-7の例では、PukiWiki記法のソースが表示され、最後の更新で削除した行が赤い文字で、追加した行が青い文字で表示されています。この差分は行単位で処理されていますので、1文字だけ変更された場合にも、一度その行が削除され、新しい行を追加したように表示されています。

図3-7

差分の表示例

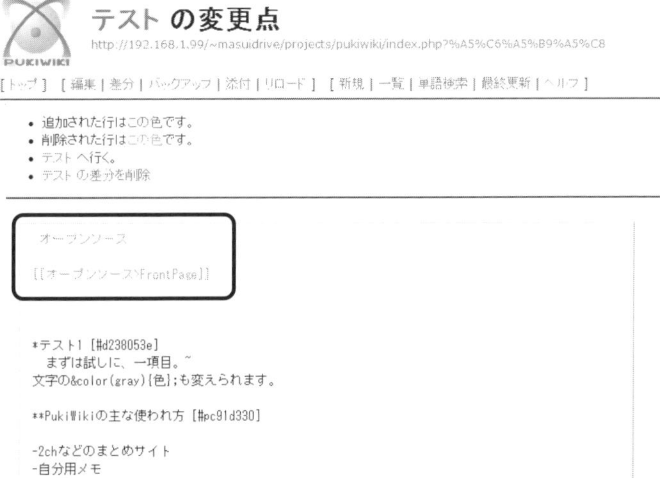

いつもアクセスしているPukiWikiサイトへの日々のアクセスは、まず「最新の20件」で更新されたページを知り、そしてそのページの変更箇所を「差分」で確認する、という形になるでしょう。

差分を削除する

ページの変更箇所を知られたくない場合、「差分」を削除することもできます。差分ページの上部にある「(ページ名) の差分を削除」をクリックしてください。

削除するにはパスワードを求められます。この差分削除用のパスワードは、前述した凍結／凍結解除用のパスワードと共用になっています。パスワードを入力して「削除」ボタンをクリックしてください。

RecentDeleted——削除されたページの一覧

「最新の20件」や「最終更新」のページでは、変更のあったページ名は表示されますが、削除されたページ名を知ることができません。そのためひっそりとページを削除された場合、なかなか気がつかないことがあります。

削除されたページ一覧は「RecentDeleted」というページにまとめられています。サイトの維持などに関わる場合などは、このページも常に確認しておくとよいでしょう。

図3-8
削除されたページの一覧

バックアップ――過去に戻る

PukiWikiでは、誰でもページを書き換えられる代わりに、ページのバックアップを自動で取る仕組みになっています。もし、誰かにページを消されたり、書き換えられても、このバックアップからすぐに元に戻すことができます。荒らしが来てもコンテンツが消えてしまうことはありません。

バックアップ自体は、ページの更新時に自動的に行われているので、なにも設定する必要はありません。

ページを荒らされたり間違って一部消してしまったりした場合は、復元したいページにアクセスし、ナビゲーションメニューの「バックアップ」をクリックします。ページ全体が消されてしまった場合は、ページ新規作成の画面にある「バックアップ」をクリックします。

次ページの図3-9では、「テスト」ページのバックアップされたデータ一覧が表示されています。バックアップの世代ごとに、更新された日付、前のバックアップとの差分情報、現在のページとの差分情報、バックアップのソースが表示されます。

「ソース」のリンクを確認して、戻したいバージョンを探し、そのソースをコピーします。コピーしたら、そのページの編集画面に移り、ソースをペーストします。

PukiWikiでは、バックアップは自動で取っていますが、復元はボタン1つでというわけにはいきません。このようにコピー&ペーストによって復元するようになっています。これはバックアップからの復元を容易にすると、それ自体が荒らしに利用されてしまうためです。

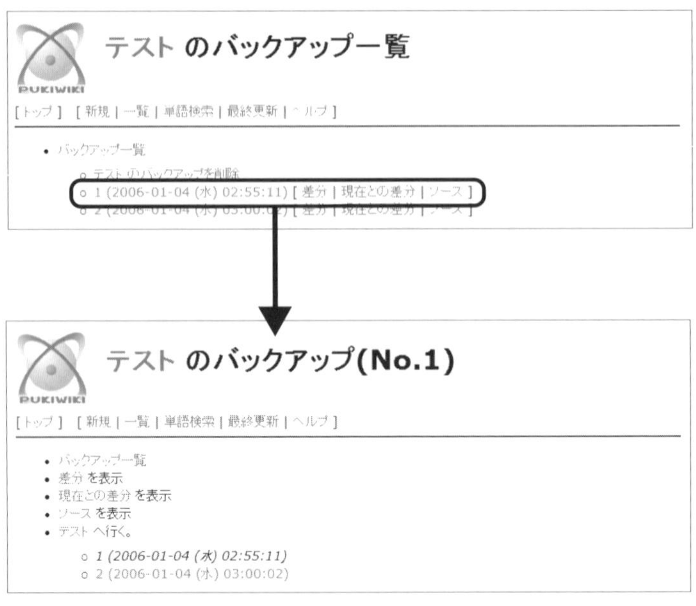

図3-9

ページ「テスト」のバックアップ一覧

3-4 サイトを作ろう

第3章でここまで説明してきたことだけ覚えれば、もうPukiWikiでサイトを作ることができます。

試しに自分用のメモサイトを作ってみましょう。自分で行ったお店のメモや、サイトに関するメモなどの自分用のメモも、それを公開することで、同じようなことをしようとしている人の役に立つことが多くあります。

blogは日記的に自分用のメモとして使われるケースが多くありますが、Wikiでは一度書いたメモを編集していくことができるので、作業手順の整理や、データベース的な使い方に向いています。会社などで、イントラネットや自分のPCにPukiWikiを設置し、業務メモや議事録を取るのにも向いています。

まずはFrontPageから

PukiWikiのサイトを開くとFrontPageが表示されます。まずはこのページを編集しましょう。初期状態では、練習ページや各種ドキュメントへのリンクが張られていますが、これを自分のコンテンツに合わせて変更します。

ナビゲーションメニューの「編集」をクリックし、編集画面に移ります。「FrontPageは 編集できません」と表示される場合は、前述したようにページが凍結されています。まず凍結を解除してください。

通常、トップページには、そのサイトの紹介やコンテンツメニューを書いておきます。Wikiという仕組みに慣れていないユーザも多いので、Wikiの簡単な仕組みもFrontPageに書いておくとよいでしょう。Wikiを使い慣れたユーザのためには、外部のユーザにも積極的にページの編集を求めていくのか、自分メモなのであまり編集してほしくないのかなどのサイトポリシーもここに書いておくとよいでしょう。

今回は自分用のメモなので、簡単な紹介とコンテンツメニューを書いておきます。例えば、下記のような感じがよいでしょう。

```
 このサイトでは、□□□の個人的なメモを公開してます。

*コンテンツメニュー
-[[HTMLメモ]] - HTMLやCSSに関するメモ
-ToDo

*このサイトは誰でも書き換えられます
 このサイトは、PukiWikiというWikiクローンソフトで構築されており、すべて↵
のページを誰でも自由に書き換えることができます。
もし間違って消してしまった場合にも、バックアップなどから簡単に復旧できますの↵
で、お気軽にページを編集してください。
PukiWikiの使い方は、[[ヘルプ]]をご覧ください。

なお、誰でも書き換えできるので、このサイトの内容に関しては□□□は責任を持つ↵
ことができません。
```

PukiWiki特有のタグや記法が使われていますが、本章の前半とAppendix Aのリファレンスを参考にしてください。前述したように、アスタリスク(*)で始まる見出し行、マイナス（-）で始まるリスト、ブランケット（[[ ]]）で囲まれたBracketNameが基本になります。多くのコンテンツはこれだけを覚えていれば問題ないでしょう。

この内容を「FrontPage」の編集用のテキストボックスに記入して、ページを更新すると、図3-10のようになります。BracketNameでリンクを張った「HTMLメモ」は、まだリンク先のページが無いのでリンクの代わりに「?」が付いています。「ToDo」はWikiNameになっているのでこれもリンクが張られますが、こちらもまだリンク先がないので「?」が付いています。

図3-10

FrontPageの例

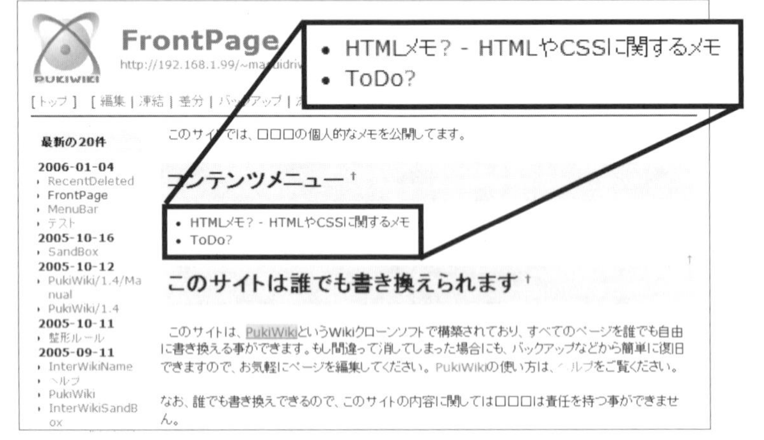

作ったリンクを埋めていく

これで、サイトのトップページは出来上がりました。次に、コンテンツを埋めていきましょう。「HTMLメモ?」の「?」をクリックして、ページを新規作成します。

「HTMLメモ の編集」画面のテキストボックスに、自分用のHTMLメモを書いていきます。

```
HTML作成時にハマりそうな部分や忘れがちなものをメモする。

*DTD宣言
```

```
<!DOCTYPE HTML PUBLIC "-//W3C//DTD HTML 4.01 Transitional//⏎
EN" "http://www.w3.org/TR/html4/loose.dtd">
これを忘れるとブラウザ毎に見栄えが大きく変わるので注意。

*CSS セレクタ
-. がクラス
-# が ID
```

書き終わってページを更新すると、図3-11のような画面が表示されます。

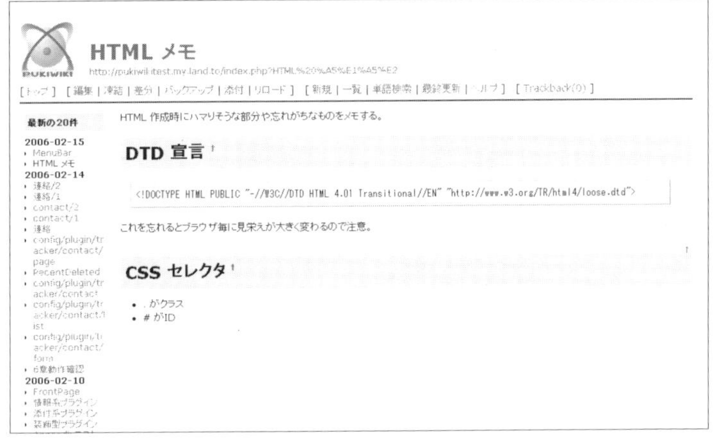

図3-11
ページ「HTMLメモ」を作成

このあとHTMLに関するメモが新しくあれば、このページに追加していくことになります。また、このページにBracketNameを置き、新しいページを作ってコンテンツを追加することもできます。

コメント欄を追加する

PukiWikiで作られたサイトには、1行コメント欄を設けたページが数多く見られます。

外部のユーザがページの編集をするということは、Wikiに慣れた人間でも心理的に抵抗がかなりあるので、全体を編集するのではなく、簡単に書き込める「コメント欄」を設け、そこからサイトに慣れてもらうのがよいようです。

また自分でもはじめからページをまとめるのが大変な場合、最初はコメント欄にメモを書き、それをページにまとめるという風にすると楽にページを作ることができます。

このコメント欄をページに追加するには、その場所に「**#comment**」を追加します。実際に「HTML メモ」のページに加えてみましょう。

```
HTML作成時にハマりそうな部分や忘れがちなものをメモする。

*DTD宣言
 <!DOCTYPE HTML PUBLIC "-//W3C//DTD HTML 4.01 Transitional//⏎
EN" "http://www.w3.org/TR/html4/loose.dtd">
これを忘れるとブラウザ毎に見栄えが大きく変わるので注意。

*CSSセレクタ
-.がクラス
-#がID

*コメント    ←追加
#comment     ←追加
```

次ページの図3-12のように「**#comment**」がコメント欄になって表示されます。

図3-12

ページ「HTMLメモ」にコメント欄を追加

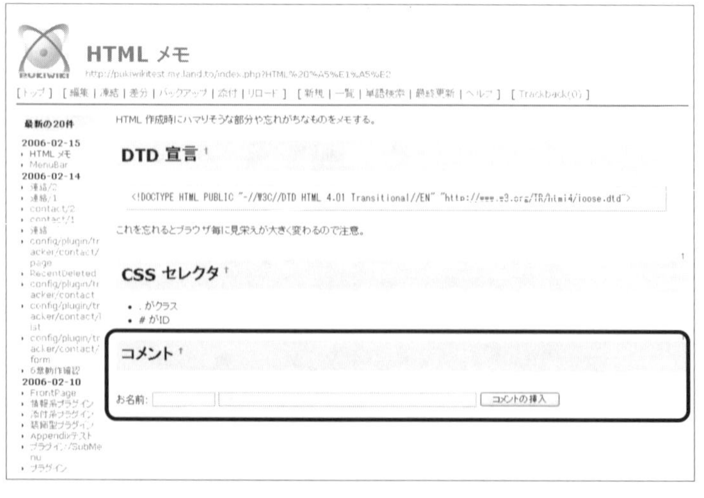

注 [3-7]

「Anonymous Coward（匿名の臆病者）」を意味する「名無し」の名前。Slashdotなどで使われている。

試しに、コメントを入力してみましょう。コメント欄の名前に「**AC**」[3-7]、本文に「テスト」と入力してみます。

「コメントの挿入」をクリックすると、コメント入力フォームの上に入力した内容が追加されます。

この追加したコメントはWikiのソースに追加されているので、投稿後にも容易に変更などができます。

特に名前の部分は、自動的にBracketNameになっています。自分の名前のページには、自己紹介やURLなどを書き込みます。いまはまだ自分の名前のページを作ってないので「**?**」が付いています。

左のメニューバーを変更しよう

画面の左側には、常にメニューバーが表示されていて、初期状態では「最新の20件」のみが表示されています。

このメニューバーもPukiWikiのページの1つで、「MenuBar」というページの内容が表示されています。「MenuBar」のページを書き換えることで、メニューバーの内容を変更できます。

MenuBarへは、FrontPageなどからリンクが張られていないので、ナビゲーションメニューの「新規」から移動します。「新規」のリンクをクリックし、テキストエリアに「MenuBar」と入力し「編集」ボタンを押します。

ページの新規作成では、既にページがある場合にはそのページが表示されます。「MenuBar」は初期状態で既に存在するページなので、そのページが開かれます（図3-13）。

図3-13
初期状態のMenuBarページを表示

この状態でナビゲーションメニューから「編集」を押すと、メニューバーを編集できます。初期状態では、MenuBarは下記のようなソースで書かれています。

```
#recent(20)

//常に表示されるメニューバーです。
//&edit(MenuBar,noicon){edit};
//を記述しておくとMenuBarを気軽に修正できるようになって便利かも。
```

「**#recent**」は、最近更新されたページを表示するプラグインです。「(20)」と指定することで、最新の20件を表示しています。更新の多いサイトならば、この数を30や40に増やすとよいでしょう。

せっかくのメニューなので、最新の20件だけでなく、コンテンツメニューなども載せてみましょう。MenuBarのソースを下記のように書き換えます。

```
-[[トップページ>FrontPage]]
-[[HTMLメモ]]
-ToDo

#br

#recent(20)
```

コンテンツメニュー（上3行）
見栄えのための空行（#br）

これでMenuBarが出来上がりました。ページを更新して、FrontPageへ戻ってみます。新しいメニューバーが表示されています。

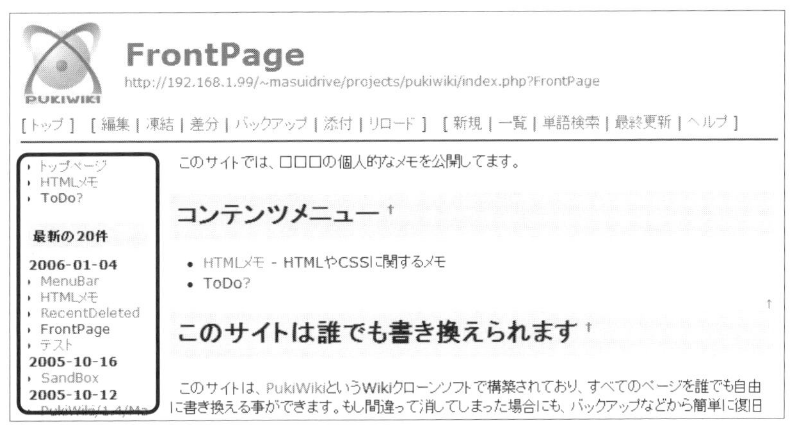

FrontPageだけでなく、すべてのページで新しいメニューバーが表示されます。

画像を貼り付けよう

Webページを作るときには、文字だけではなくJPEGやGIFやPNGなどの画像もよく使います。

PukiWikiで画像を貼るときは、画像のURLを書くだけで、自動的にその画像が表示されます。例えば、先ほど書き換えたFrontPageの最後に、次のURLを追加してみましょう。

```
http://pukiwiki.sourceforge.jp/image/b_pukiwiki.official.png
```

次のように画像が表示されます。

2005-10-11
- 整形ルール

2005-09-11
- ヘルプ
- PukiWiki
- InterWikiテクニカル
- InterWikiSandBox

なお、誰でも書き換えできるので、このサイトの内容に関しては□□□は責任を持つ事ができません。

PUKIWIKI

この画像の自動貼り付けでは、URLの拡張子を見て、リンクか画像かを判断しています。拡張子が**.png**か**.gif**か**.jpg**（または**.jpeg**）のものを画像と判断し、貼り付けます。

画像の自動貼り付けの制限と回避策

画像の自動貼り付けでは拡張子を見ているので、CGIなどで画像を生成していて拡張子が**.cgi**であったり、パラメータが付いている場合には画像として判断できません。

裏技的な方法としては、パラメータの最後に次のように「**&dummy=.png**」を追加することで、拡張子を画像のように見せかけることもできます。

```
http://example.com/cgi-bin/test.cgi?id=1&dummy=.png
```

また、自動貼り付けで記述した画像のリンクは、画像自身のURLになってしまいます。多くのページで見られるような、ページには小さい画像（サムネイル）を貼り、クリックすると大きい画像になる、といったリンクを貼ることはできません。また**img**タグでは使えるような「文字の回り込み」などを指定することもできません。

そのような画像の貼り方をしたい場合には、refプラグインを使います[3-8]。

注［3-8］
refプラグインを使った画像の貼り方についてはB-5（204ページ）を参照してください。

第 4 章

スキンで見た目を変えよう

PukiWikiではサイトを簡単に作ることができます。しかしWikiのサイトはどれも似た雰囲気になってしまいがちです。そこで次のステップとして、サイトのカスタマイズに取りかかりましょう。PukiWikiでは機能をプラグインで、見た目をスキンによってカスタマイズできます。本章ではスキンの使い方を解説していくことにしましょう。

text by 大河原 哲

4-1 はじめに

PukiWikiのインストールを自分で行い、自分好みの使い方が出来る状態になったら、やはり見た目のカスタマイズに凝りたいというのが多くの人の望みでしょう。Wikiの仕組みで、中身の文章は手軽にどんどん更新できるようになっていますが、見た目のカスタマイズにはちょっとコツが必要です。

ここでは、PukiWikiのカスタマイズについて5段階に分けてご紹介します。

はじめに、基本的な知識をおさらいします。カスタマイズにすぐにでも取り掛かりたい方は4-2「カスタマイズを始めよう」から読み進めてください。

見た目を変える目的

まず、見た目を変える目的について考えてみましょう。目的を整理することで、どこまでカスタマイズを行うべきかを判断することができます。

【カスタマイズの主な目的】

・かっこよくしたい
・サイトの差別化として
・使いやすくしたい

というのも、極度にカスタマイズを進めると、PukiWikiのバージョンアップ時やアップデート時に対応することが困難になってしまう可能性があるのです。

・かっこよくしたい

PukiWikiは、配布されている初期状態のスキンでもある程度かっこよく見えるデザインになっています。ページ左上のロゴやページ下部に表示される機能に対応したアイコンなどは、数あるWikiの中でも割と見栄えのするものが利用されているので、初期状態のままで設置して利用しているユーザもたくさんいます(カスタマイズに凝るよりもさっさと使いたいというユーザが多いからかもしれませんが)。

しかし、せっかく自分のサイトを作るのですから、自分好みのデザインに変更する手間も掛けると、さらに愛着の湧くものになるでしょう。インターネットに数あるPukiWikiの中には、設置して数ページ書き込んでみてからそのまま放置されているようなものも多々見られますが、そのような状況を避けるためにもカスタマイズして自分好みにするということは重要です。

・サイトの差別化として

インターネット上で稼動しているPukiWikiは、現在かなりの数になっています。その中でも初期状態のデザイン・レイアウトで利用しているユーザはかなり多く、PukiWiki利用サイトは「ぱっと見」で似てしまって第一印象での差別化が出来ていないものが多いのです。

重要なのは中身の情報なので、デザインでの差別化をするよりも中身を充実させることが重要だというユーザが多いのかもしれませんが、サイト独自の色を出すということも、中身を伝えるためには重要なポイントとなります。また、カスタマイズされた見た目は、どこのサイトに自分がアクセスしているかを一目で利用者へ伝えるナビゲーションの第一歩でもあります。

・使いやすくしたい

カスタマイズの目的として、見た目だけではなく、使い勝手を変えたいということも考えられます。初期状態のスキンでは、すべての機能が利用できるように、すべてのメニューが表示されるものが採用されています。しかし、利用する状況によっては、機能の一部を隠してしまいたいということもあります。

例えば、一般のサイト訪問者はページを読んでもらうだけで十分というようなサイトの場合、ページ編集の機能は使う必要がなく、「編集」メニューは目に付かない場所に移動するか、あるいは見せない状態であるほうがページ内の文章がより読みやすい構成となるでしょう。逆に積極的に編集機能を利用するようなサイトの場合、「編集」メニューを目立つように配置するほうが使いやすい構成になります。

また、表示される文章を読みやすくするという目的であれば、1行に表示される文字数を制限したり、文字サイズの調整を行ったり、配色に気を使ってPukiWikiが表示するHTMLやCSSを変更してカスタマイズすることになるでしょう。

必要な知識

PukiWikiをカスタマイズするためには以下のような知識が必要となります。

- HTML
- CSS
- PHP
- Webデザインの「いろは」

しかしながらすべてを完全に習得していなければならないというような敷居の高いものではなく、自分の行いたいカスタマイズの度合いによって必要な各技術の習得度が変わるということになります。

ページ左上に常に表示されるロゴだけをとりあえず変えたいということであればごく簡単な画像加工の知識と若干のHTMLの知識があれば問題ありません。見出し要素などの表示色を変更したいということであれば、HTMLとCSSに合わせてPHPを若干覚えるくらいです。

カスタマイズしはじめのころは少ない知識の範囲で試してみて、PukiWikiを使い続けるうちにカスタマイズしたい範囲が広がるのであれば、合わせて必要となる知識を蓄えていくという方法もあります。最初から一気に覚えてしまおうとするのではなく、一歩一歩自分のやりたいことに合わせて、楽しみながら知識を増やしていくことをお勧めします。

・HTML

PukiWikiは、画面にHTMLとして表示されるWebアプリケーションです。その表示をカスタマイズするということは、やはりHTMLの知識が必要となります。

PukiWikiをカスタマイズしようと考える人は、基本的にHTMLの基礎的な知識があると思いますので、本書ではHTMLの基礎的な知識があるという前提でお話を進めます。HTMLの詳細について知りたい方は別途専門の書籍などで補足してください。

・CSS

CSSはHTML文書を装飾するための技術です。見た目を決める部分を別のものとして取り扱うため、HTMLの文書を意味付けする部分とは切り離して管理することができます。見た目を決める機能を分割することで画面表示用と印刷用で見た目を変更できるようにしたり、ブラウザごとやユーザごとに自在に見栄えを切り替えることができるようになります。

PukiWikiでは主に基本文字サイズや文字色、見出し、リスト、テーブル要素、ページ上部やメニューバー部ごとのレイアウトなどを決めるために、CSSを用いています。CSSの定義されているファイル内の記述を変更することで、背景色や文字色、見出しやリストの見栄えをHTML要素単位で簡単に変更することができます。

・PHP

PukiWikiのスキンは、CSSファイルも含めてPHPで記述されています。

これは、`pukiwiki.ini.php`などの設定ファイルで定義した内容に合わせて条件分岐を行ったり、各モードごとに部分的にHTMLを切り替えるためです。

そのため、むやみにスキンカスタマイズを行うと、PukiWikiの動作に一部支障が出ることがあります。実際にカスタマイズを行う際には、ある程度PukiWikiの動作を知った上で変更するようにしてください。

カスタマイズを行う上で必要なPHPの知識はそれほど多くありませんが、PHPに触れたことがない人にとっては、最初は敷居が高いかもしれません。CSSを修正して見栄えを自分好みにするという段階ではそれほどPHPを意識しなくてもよいので、やりたいことが増えてきたら、必要となるPHPの知識の幅を広げていくことをお勧めします。

PHPを使い慣れていて、HTML、CSSもOKという方は、PukiWikiの内部構造に触れてみつつ、オリジナルのスキン作成に是非挑戦してみてはいかがでしょうか。各画面ごとのメニューバーの表示、非表示を調整したり、自分が利用する場合には必要のない機能を隠してしまうことで、使いやすくなったりします。

・Webデザインの「いろは」

スキン変更で見た目を変更するにあたっては、Webデザインの「いろは」も知っておいたほうがよいでしょう。

PukiWikiは、自分の好き勝手に思い通りにいじることが出来るぶん、Webデザインの定石を無視した見た目にしてしまうとかえって不恰好になってしまったり、見づらい、使いづらいWikiになってしまいます。

カスタマイズの第一歩として手をつけやすい分野としては、CSSによる各要素の色の変更があります。しかし、その前に色の設定、配色による文字の読みやすさ、色の与える印象について知っておくことが重要です。

文字の読みやすさには背景色と文字色のコントラスト(明暗の差)などが影響します。

また、ページ全体を大きく占める背景色が赤系の暖色であれば活動的なイメージが出たり、青系の寒色であれば落ち着いた雰囲気を演出することができます。

Webデザインを語る上で近年よく聞く、「ユーザビリティ」、「アクセシビリティ」という言葉があります。簡単に言うと「使いやすさ」、「受け入れやすさ」という意味です。「ユーザビリティ」は具体的に言うと、PukiWikiを利用する際に各機能を迷わず利用できるようなデザインになっているかということを指します。また、「アクセシビリティ」は、視覚的障害を持つ人でも利用できるような文字サイズで構成されていることや、マウスが使えないような人がキーボードのみでもアクセスしやすいように構成されていることを指します。

Webデザインについて掘り下げることは本書の範囲ではありませんが、Webデザインの「いろは」を頭の片隅に入れておくことはカスタマイズの方向性を見失わないためにも重要なことだと思います。

4-2 カスタマイズを始めよう

設定ファイルについて

PukiWikiのスキンを実際にカスタマイズするには、スキンを構成するファイルについて把握する必要があります。PukiWikiのスキンを構成するファイルは表4-1のとおりです。

表4-1
PukiWikiのスキンを構成するファイル一覧

ファイル名	役割
skin/pukiwiki.skin.php	標準スキン（HTMLレイアウト用）
skin/pukiwiki.css.php	標準CSS（装飾用）
skin/tdiary.skin.php	tDiaryスキン（tDiaryスキン流用向け）
skin/tdiary.css.php	tDiaryテーマ用CSS（tDiary向けCSS読み込み）
skin/keitai.skin.php	携帯電話向けテーマ（ケータイ向け簡略版HTML生成用）

この表からわかるように、PukiWiki 1.4.6の配布パッケージには次の3つのスキンが含まれています。

- 標準のスキン
- Web日記システム「tDiary」向けに提供されているスキンを流用するためのスキン
- 携帯電話向けスキン

タイトル画像の変更

ごくごく簡単なカスタマイズとしては、PukiWikiの画面左上に常に表示される画像（以下、ロゴ画像）を差し替える技があります。標準配布の画像は次ページのようなデザインの、80×80ピクセルのPNG画像ファイルです。

画像ファイル自体はpukiwiki設置ディレクトリ下の**image/pukiwiki.png**です。この画像と同じファイル名で別ファイルを上書きしてしまうのが一番手っ取り早い変更方法ですが、別のファイル名としてアップしたほうがよいでしょう。

imagesディレクトリに任意の画像ファイルをアップロードし、**pukiwiki.skin.php**のロゴ画像ファイル名部分、つまり下記の箇所の**pukiwiki.png**を差し替えたい画面のファイル名に変更します。これで好みの画像をロゴ画像として利用できます。

```
// Set site logo
$_IMAGE['skin']['logo']      = 'pukiwiki.png';
```

このままの状態では、ロゴ画像の縦横サイズは80×80ピクセルに限定されています。これは、標準スキンではロゴ画像がHTMLの**img**タグ設定でサイズ指定されているためです。サイズの異なるロゴ画像ファイルをアップロードした場合は、合わせて**pukiwiki.skin.php**に含まれるHTMLを変更する必要があります。

```
87  <a href="<?php echo $link['top'] ?>"><img id="logo"
    src="<?php echo IMAGE_DIR . $image['logo'] ?>" width="80"
    height="80" alt="[PukiWiki]" title="[PukiWiki]" /></a>
```

87行目の**width**値と**height**値を、差し替えたい画像に合わせて変更しましょう。**alt**や**title**の内容もお好みで変更してもよいでしょう。

CSSによるHTML要素の変更

PukiWikiは、スキンで使用されているCSSファイルを修正することで、背景や文字、見出しやリンクなどのHTML各要素の見栄えを変更することができるようになっています。CSSファイルの実体は**skin**ディレクトリに含まれる

pukiwiki.css.phpです。

拡張子が**.php**であることからわかるとおり、中身はPHPコードが含まれています。1〜31行目までがPHPコードであり、この部分でCSSファイルとして出力する際の文字コード判定やブラウザのメディアタイプ判定の機能が実装されています。CSSの記述は32行目以降で、要素によっては印刷用のメディアタイプ「print」に対応するための条件分岐が含まれるものもあります。

ここでは見栄えを大きく左右するページ全体の背景色、文字色を変更する簡単な例をご紹介します。背景色、文字色を変更するには「**body,td {}**」として定義されている部分（38〜45行目部分）に手を加えます。

```
38 body,td {
39     color:black;
40     background-color:white;
41     margin-left:2%;
42     margin-right:2%;
43     font-size:90%;
44     font-family:verdana, arial, helvetica, Sans-Serif;
45 }
```

初期設定で、背景色は「**background-color:white;**」で白に設定されています。**white**の記述を他の色名（例：**black**）に変更するか、あるいは**#000000**（黒）といった16進表記に書き換えることで、色変更が可能です。

また文字色は「**color:black;**」で黒に設定されています。試しに**white**に変更して保存してみると（背景色は上記のように「黒」に変更）、図4-1のように変わります。

図4-1
配色を変更

初期状態（文字色「黒」、背景色「白」）

変更後（文字色「白」、背景色「黒」）

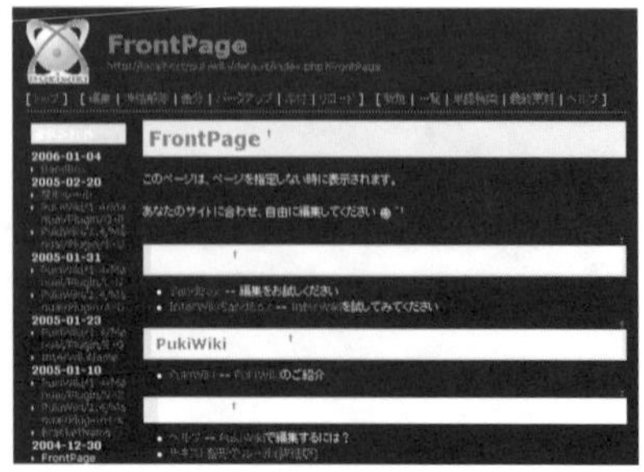

配色変更後の画面では単に背景色と文字色を入れ替えただけのため、リンクの文字色であったり、見出しの背景色／文字色が全体の背景色と馴染んでいません。リンク部分の文字色を変更するには、**a:link**、**a:active**、**a:visited**の設定部分を変更します。また、見出しについては**h1**、**h2**、**h3**、**h4**で定義されている部分を変更します。

このうち**a:link**の設定は、下記のようにPHPの条件分岐が含まれています。これは印刷用メディアタイプの「print」に対応するための条件分岐です。CSSのメディアタイプに対応しているブラウザでアクセスした場合、印刷プレビューなどで確認するとロゴ画像やMenuBar、各機能のリンク部分が表示されていないことが確認できます。

```
a:link {
<?php  if ($media == 'print') { ?>
    text-decoration: underline;
<?php  } else { ?>
    color:#215dc6;
    background-color:inherit;
    text-decoration:none;
<?php  } ?>
}
```

このようにPukiWikiの標準スキン用CSSでは、1つのCSSファイルで画面表示用と印刷用に対応するために条件分岐を行う実装になっています。このことで画面表示用と印刷用で変更する必要がない部分を共有しています。

独自のCSSファイルを利用したい場合には、自前のCSSファイルを用意した上で**pukiwiki.skin.php**内にある**link**タグの**href**値を変更することになります。

```
<link rel="stylesheet" type="text/css" media="screen"
href="skin/pukiwiki.css.php?charset=<?php echo
$css_charset ?>" charset="<?php echo $css_charset ?>" />
<link rel="stylesheet" type="text/css" media="print"
href="skin/pukiwiki.css.php?charset=<?php echo
$css_charset ?>&amp;media=print" charset="<?php echo
$css_charset ?>" />
```

実際にCSSを自分好みにカスタマイズする際に目安となる参考資料として、CSSファイルに含まれるクラス名、ID名をリストアップしましたのでご利用ください。

表4-2（1/5）

pukiwiki.css.php設定一覧表

要素名、クラス、ID	指定内容	対応するWiki書式	備考
全体			
pre、dl、ol、p、blockquote	1行の高さ設定を一括指定		
blockquote	引用部の左マージン指定	>	
body、td	ページ全体とテーブルセルの一括指定		
a:link	リンクの設定	[[ ]]	print条件分岐有
a:active	リンクの設定（選択中）	[[ ]]	
a:visited	リンクの設定（訪問済み）	[[ ]]	print条件分岐有
a:hover	リンクの設定（マウスオーバー中）	[[ ]]	
h1、h2	見出し1、2の一括指定	*、**	
h3	見出し3の指定	***	
h4	見出し4の指定		
h5、h6	見出し5、6の一括指定		
h1.title	ページ上部のWikiページ名表示部分		
dt	定義リスト	:|	
pre	整形済みテキスト	行頭半角スペース	
img	画像表示の行配置と境界線非表示指定		
ul	リスト構造の余白指定	#contents、#relatedなど	Wiki書式のリストを除く
em	イタリック表記の指定	''' '''	
strong	強調表記の指定	'' ''	
thead td.style_td、tfoot td.style_td	テーブルセルの背景色指定	||h、||f	
thead th.style_th、tfoot th.style_th	テーブルセルの背景色指定	|~|h、|~|f	

表4-2 (2/5)

pukiwiki.css.php設定一覧表

要素名、クラス、ID	指定内容	対応するWiki書式	備考
.style_table	テーブル全体の指定	||	
.style_th	テーブルセルの指定	||h、||f	
.style_td	テーブルセルの指定	||	
ul.list1	番号無しリスト1の指定	-	
ul.list2	番号無しリスト2の指定	--	
ul.list3	番号無しリスト3の指定	---	
ol.list1	番号有りリスト1の指定	+	
ol.list2	番号有りリスト2の指定	++	
ol.list3	番号有りリスト3の指定	+++	
div.ie5	テーブルのセンタリング指定		
span.noexists	ページが存在しないWikiName、BracketNameのリンク	WikiName、[[]]	
.small	小さい文字の指定（注釈部分など）	(( ))など	
.super_index	未使用		
a.note_super	注釈のリンク	(( ))	
div.jumpmenu	見出し要素に付くジャンプ用リンク	*、**、***	
hr.full_hr	水平線	----	
hr.note_hr	注釈表示部分の水平線	(( ))	
span.size1	文字サイズ1	SIZE(1):	
span.size2	文字サイズ2	SIZE(2):	
span.size3	文字サイズ3	SIZE(3):	
span.size4	文字サイズ4	SIZE(4):	
span.size5	文字サイズ5	SIZE(5):	
span.size6	文字サイズ6	SIZE(6):	
span.size7	文字サイズ7	SIZE(7):	
html.php/catbody()ページ生成機能向け			
strong.word0	検索された文字列の強調表示1つ目		
strong.word1	検索された文字列の強調表示2つ目		
strong.word2	検索された文字列の強調表示3つ目		
strong.word3	検索された文字列の強調表示4つ目		
strong.word4	検索された文字列の強調表示5つ目		

表4-2 (3/5)

pukiwiki.css.php 設定一覧表

要素名、クラス、ID	指定内容	対応する Wiki 書式	備考
strong.word5	検索された文字列の強調表示6つ目		
strong.word6	検索された文字列の強調表示7つ目		
strong.word7	検索された文字列の強調表示8つ目		
strong.word8	検索された文字列の強調表示9つ目		
strong.word9	検索された文字列の強調表示10個目		
html.php/edit_form()編集画面向け			
.edit_form	編集フォームの文字流れ込み指定		
pukiwiki.skin.php 向け			
div#header	ページ上部ブロック		
div#navigator	Wiki 機能のリンク部分ブロック		print 条件分岐有
td.menubar	メニューバーのテーブルセル		print 条件分岐有
div#menubar	メニューバーの内部		print 条件分岐有
div#menubar ul	メニューバーのリストの余白指定		
div#menubar ul li	メニューバーのリストの1行の高さ指定		
div#menubar h4	メニューバーの見出し		
div#body	ページ本文ブロック		
div#note	注釈文章表記ブロック		
div#attach	添付ファイル表示ブロック		print 条件分岐有
div#toolbar	ページ下部ツールバー表示ブロック		print 条件分岐有
div#lastmodified	最終更新時刻表示		
div#related	関連ページ名表示		print 条件分岐有
div#footer	ページ下部ブロック		
div#banner	バナー表示部分		
div#preview	編集中プレビュー表示ブロック		
img#logo	ページロゴ画像の余白指定		print 条件分岐有
aname.inc.php 向け			
.anchor	ページ内リンクの飛び先	&aname();	
.anchor_super	見出し部分のページ内リンク	*、**、***	
br.inc.php 向け			
br.spacer	改行プラグイン	&br;	実際の設定は空欄

表4-2（4/5）

pukiwiki.css.php設定一覧表

要素名、クラス、ID	指定内容	対応するWiki書式	備考
calendar*.inc.php向け			
.style_calendar	カレンダーのテーブル	#calendar	
.style_td_caltop	カレンダーの上部（月表示部分）	#calendar	
.style_td_today	カレンダーのセル（当日）	#calendar	
.style_td_sat	カレンダーのセル（土曜日）	#calendar	
.style_td_sun	カレンダーのセル（日曜日）	#calendar	
.style_td_blank	カレンダーのセル（空白）	#calendar	
.style_td_day	カレンダーのセル（平日）	#calendar	
.style_td_week	カレンダーのセル（週）	#calendar	
div.calendar_viewer	カレンダー表示リンク	#calendar_viewer	
span.calendar_viewer_left	カレンダー表示リンク（前ページへ）	#calendar_viewer	
span.calendar_viewer_right	カレンダー表示リンク（次ページへ）	#calendar_viewer	
clear.inc.php向け			
.clear	文字の流し込み指定解除	&clear;	
counter.inc.php向け			
div.counter	カウンター表示のフォントサイズ	&counter();	
diff.inc.php向け			
span.diff_added	差分表示（追加部分）		
span.diff_removed	差分表示（削除部分）		
hr.inc.php向け			
hr.short_line	ブロック内用水平線プラグイン	#hr	
include.inc.php向け			
h5.side_label	インクルードプラグイン内見出し	#include( )	
navi.inc.php向け			
ul.navi	ナビゲーションプラグイン余白、配置指定	#navi( )	
li.navi_none	ナビゲーションプラグイン（非表示時）	#navi( )	
li.navi_left	ナビゲーションプラグイン（左側リンク）	#navi( )	
li.navi_right	ナビゲーションプラグイン（右側リンク）	#navi( )	

表4-2 (5/5)

pukiwiki.css.php設定一覧表

要素名、クラス、ID	指定内容	対応するWiki書式	備考
new.inc.php向け			
span.comment_date	更新日時表示プラグイン 文字サイズ指定	&new{ };	
span.new1	更新日時表示プラグイン表示1	&new{ };	
span.new5	更新日時表示プラグイン表示5	&new{ };	
popular.inc.php向け			
span.counter	人気のページカウンター文字指定	#popular	
ul.popular_list		#popular	コメントアウトで無効化
recent.inc.php、showrss.inc.php向け			
ul.recent_list		#showrss	コメントアウトで無効化
ref.inc.php向け			
div.img_margin	添付ファイル参照プラグイン 画像余白指定	#ref( )	
vote.inc.php向け			
td.vote_label	投票プラグインラベル指定	#vote	
td.vote_td1	投票プラグインテーブルセル指定 (奇数行)	#vote	
td.vote_td2	投票プラグインテーブルセル指定 (偶数行)	#vote	

フェイスマークの変更

お手軽なスキンカスタマイズの一環として、フェイスマークの変更があります。普段フェイスマークを利用しないユーザにとってはあまり意味のないカスタマイズかもしれませんが、フェイスマークも設置したPukiWikiの独自色を出すためには有効な手段です。フェイスマークを利用する方にはお勧めのカスタマイズでしょう。

PukiWikiには、デフォルトで次ページの表4-3の一覧にあるような8個のフェイスマークが利用できます。フェイスマークの書式を特に変更するつもりがない場合は、そのまま同じファイル名で、好みの画像を上書きしてしまうことが、一番お手軽なフェイスマークの変更方法です。

フェイスマークは、設定ファイルのうち**default.ini.php**で**$facemark_rules**変数として設定されています。

このように表示されます。

スマイル

表4-3
標準のフェイスマーク用画像ファイル一覧

ファイル名	フェイスマーク	意味
bigsmile.png		大笑
heart.png		愛情
huh.png		愛嬌
oh.png		驚き
sad.png		悲しい
smile.png		笑顔
wink.png		ウィンク
worried.png		心配

```
126 $facemark_rules = array(
127   // Face marks
128   '¥s(¥:¥))'  => ' <img alt="$1" src="' . IMAGE_DIR .↵
    'face/smile.png" />',
129   '¥s(¥:D)'   => ' <img alt="$1" src="' . IMAGE_DIR .↵
    'face/bigsmile.png" />',
```

左辺側の配列キーがフェイスマークとして認識される書式の設定部分です。ここでは正規表現でフェイスマークの書式を指定してあり、例えば128行目の指定であれば「**:)**」が**smile.png**として表示されることになります。初期設定では表4-4の書式が定義されています。

フェイスマーク用の画像を一から自前で作成するのはけっこうな作業となります。もし自前で用意することに無理がある場合はインターネット上でフリーで配布されているフェイスマーク画像を利用させてもらうのも1つの手です。検索サイトで「フェイスマーク」または「facemark」といったキーワードで検索すると、配布サイトがいくつか見つかると思います。好みのものを探してみてください。

表 4-4
フェイスマークの書式

書式	対応するファイル	フェイスマーク
欧米式		
:)	smile.png	
:D	bigsmile.png	
:p	huh.png	
:d	huh.png	
XD	oh.png	
X(	oh.png	
;)	wink.png	
;(	sad.png	
:(	sad.png	
英語表記		
⌣	smile.png	
&bigsmile;	bigsmile.png	
&huh;	huh.png	
&oh;	oh.png	
&wink;	wink.png	
&sad;	sad.png	
&heart;	heart.png	
&worried;	worried.png	
日本式		
(^^)	smile.png	
(^-^	bigsmile.png	
(..;	oh.png	
(^_-)	wink.png	
(--;	sad.png	
(^^;	worried.png	
(^^;)	worried.png	

4-3 tDiary テーマの利用

PukiWikiはバージョン1.4.5から、Web日記システム「tDiary」のテーマをスキンとして利用できるようになりました。

tDiaryのテーマをスキンとして利用する目的はいくつか考えられますが、最大の目的としてはtDiaryの豊富なテーマから好みのデザインを選ぶことでしょう。また、既に自分の日記としてtDiaryを利用していている方にとっては、tDiaryとPukiWikiのスタイルを合わせて統一感のあるサイト作りを目指すこともできます。

tDiaryでは公式サイトで300種を超える多数のテーマが配布されています。これらをPukiWikiでも利用するための仕組みが、1.4.5に取り込まれました。しかしながら、PukiWikiでtDiaryのテーマを利用するには若干の下準備が必要となります。

実際にtDiaryテーマを利用するための下準備は以下の5工程です。

1. tDiary テーマパッケージファイルのダウンロード
2. テーマパッケージファイルの解凍
3. 解凍したものをディレクトリ構成ごと `skin` ディレクトリへ移動
4. `index.php` に `TDIARY_THEME` を定義
5. お好みで `tdiary.css.php` を編集
6. 表示を確認

1. tDiary テーマパッケージファイルのダウンロード

tDiaryオフィシャルサイト（tDiary.org）のダウンロードページの中ほどにある「テーマ（theme）」という部分から「最新開発版に対応したテーマ集」をダウンロードします。本書の執筆時点ではバージョン2.1.3用のテーマ集（`tdiary-theme-2.1.3.tar.gz`）です。

URL

tDiary.org - ダウンロード
`http://www.tdiary.org/20021112.html`

4 スキンで見た目を変えよう

2. テーマパッケージファイルの解凍

ダウンロードしたテーマは**tar.gz**形式で圧縮されているファイルなので、任意の解凍ツールで解凍します。

Windows環境の場合は、フリーで配布されている解凍ツールで**tar.gz**形式または**tgz**形式に対応しているものを利用してください。Linuxなど、UNIX系OSの場合は**tar**コマンドで解凍します。

3. 解凍したものをディレクトリ構成ごと skin ディレクトリへ移動

テーマパッケージファイルの解凍後は図4-2のような構造で展開されます。

この「**tdiary-theme-2.1.3**」というディレクトリの名前を「**theme**」へ変更します。その上で**theme**ディレクトリごと、PukiWikiのスキンが設置されている**skin**ディレクトリへコピーします。

図4-2

テーマパッケージの解凍後のフォルダ構成

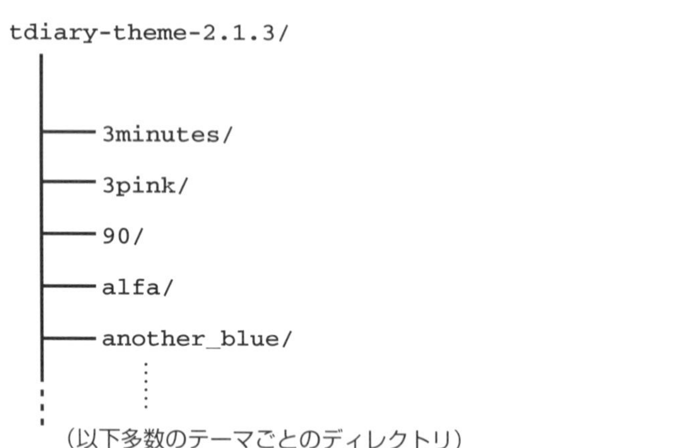

4. index.php に TDIARY_THEME を定義

index.phpの中で定数**TDIARY_THEME**を定義します。値にはtDiaryの利用したいテーマ名を設定します。テーマ名は、先ほどの手順で回答した**theme**ディレクトリ内に収録されているディレクトリ名と対応します。

```
define('TDIARY_THEME', '3minutes');
```

この例ではスキンに「3minutes」テーマを設定しています。

5. お好みで tdiary.css.php を編集

tDiaryのテーマには含まれないPukiWiki独自の要素をCSSで変更する際には **tdiary.css.php** を編集します。

tDiaryテーマを切り替えられるようにする

tDiaryのテーマは定数**TDIARY_THEME**で固定されてしまうため、基本的には1つのPukiWikiに対して1つのテーマを適用して利用することになります。もっと気軽にテーマを切り替える手段としては、利用したい各テーマごとに専用のテーマ定数設定用のPHPファイルを用意して、そのファイルのURLへアクセスする方法があります。

例えば「alfaテーマ」を利用するためのURLを用意する場合、リスト4-1のような内容の**alfa.php**ファイルを**index.php**と同じ階層に用意します。そのファイルへブラウザでアクセスすることで、**index.php**で設定したテーマとは別のテーマで表示することができます。

同じようにテーマごとにテーマ名に合わせたPHPファイルを複数用意すれば、ブラウザからそのファイルのURLへアクセスさせることで、テーマをURLごとに切り替えることができるようなPukiWikiが実現できます。

リスト4-1
tDiaryテーマ「alfa」用phpファイル「**alfa.php**」

```
<?php
      define('TDIARY_THEME', 'alfa');
      require('./index.php')
?>
```

tDiaryのテーマの利用についてはPukiWiki開発サイト内のページ「BugTrack/769」に詳細な解説が掲載されています。

URL

BugTrack/769 - tDiaryスキン（tDiaryテーマラッパー）
http://pukiwiki.sourceforge.jp/dev/?BugTrack/769

4-4　配布されているPukiWiki用スキンの利用

PukiWiki公式サイトには、有志で作成されているスキンの情報がいくつか掲載されています。本書執筆段階で公式サイトに掲載されているバージョン1.4.x向けのスキンは、10種類以上あります。

URL

スキン - PukiWiki-official

`http://pukiwiki.sourceforge.jp/`

「スキン」→「自作スキン」→「1.4.x向け」

公式サイトの「自作スキン」ページには、スキンがバージョンごとに掲載されています。他のバージョン向けのスキンについては、そのままの利用は難しい場合もありますが、スキンカスタマイズに慣れていれば一部を改変して利用することも可能ですし、別のバージョン向けのものでもデザインの参考になります。

ここでは、いくつかのスキンの利用方法を詳しく見てみます。

iridスキン

iridスキンは、ありぃ氏によって作成されたスキンです。主な特徴としては検索フォームの常時表示と編集などのナビゲーション用リンクが左側へレイアウトされている点、そして専用ページによるページ内の部分カスタマイズに対応している点があります。また配色パターンが3種類用意されていて、スキンファイル内の定数で切り替えることができます（図4-3）。

スタイルを切り替えるには、iridフォルダ内に同梱されている**pukiwiki.ini.php**内の4行目の設定値を次のように変更します。

```
3 // 使用するスタイル
4 $irid_style_name = "cloudwalk";
```

図4-3
irid スキンの例

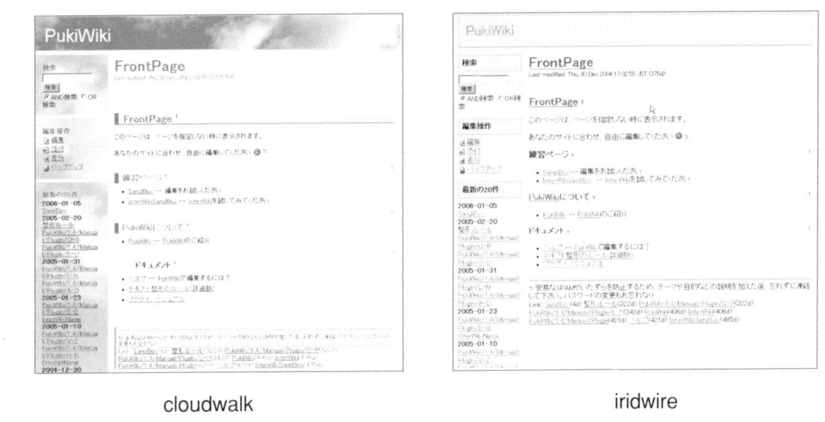

このスキンでは、部分カスタマイズ用の専用ページとして「SiteNavigator」と「PageNavigator」の2種類があります。カスタマイズ用の各ページはインストール直後のPukiWikiには用意されていないので、iridスキンをインストールした際に合わせて新規作成で追加してください。

SiteNavigatorは常に表示されるページで、主にサイトのメインコンテンツとなるようなページのリンクを用意しておくような用途に利用します。PageNavigatorは常に上部に配置され、こちらは「topicpath」プラグインなどを埋め込んだりするような用途で利用します。各専用ページが差し込まれる位置は次のようになります。

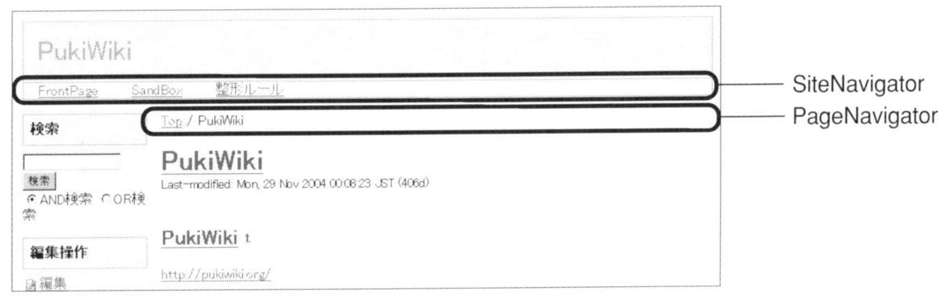

スキンのダウンロードや設定の詳細については、PukiWiki公式サイトの「自作スキン /irid」ページを参照してください。

basis スキン

basis スキンは、cat-walk 氏によって作成されたスキンです。スタンダードなレイアウトで文字間の余白がしっかり取られたデザインのため、文章が読みやすく感じます。PukiWiki 各機能のリンクは画面下部に配置され、編集よりも閲覧が優先されているスキンです。検索フォームも常に表示されていて、サイト内検索を積極的に利用できるようになっています。

このスキンにはカラーバリエーションが5種類あります（図4-4）。

カラーバリエーションの切り替えには同梱の**pukiwiki.skin.php**にある変数**$skin_style**を変更します。それぞれのスタイル名を指定することで、読み込まれるCSSファイルが切り替わります。

スキンのダウンロードや設定の詳細については、PukiWiki 公式サイトの「自作スキン /basis」ページを参照してください。

図 4-4

basis スキンのカラーバリエーションの例

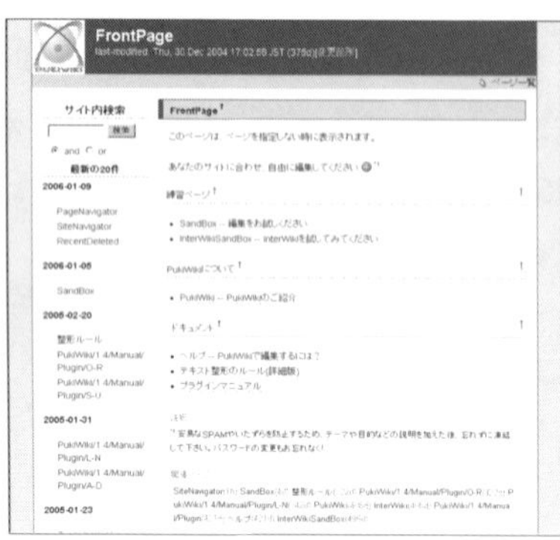

gray

natural

GS スキン

GSスキンは、yiza氏によって作成されたスキンです。ページ内の各ブロックの枠組みがくっきりとしており、安定感のあるデザインが特徴です。また、設定により横3段組の構成にすることもできるので、1ページ内に多くの情報を掲載することができます。またカラーバリエーションも9種類と豊富なので、選びがいのあるスキンです（図4-5）。

カラーバリエーションの切り替えには同梱の設定ファイル**pukiwiki_gs2.ini.php**のうち21行目にある定数**PKWK_SKIN_GS2_CSS_COLOR**にカラーバリエーション名を指定します。

図4-5

GSスキンのカラーバリエーションの例

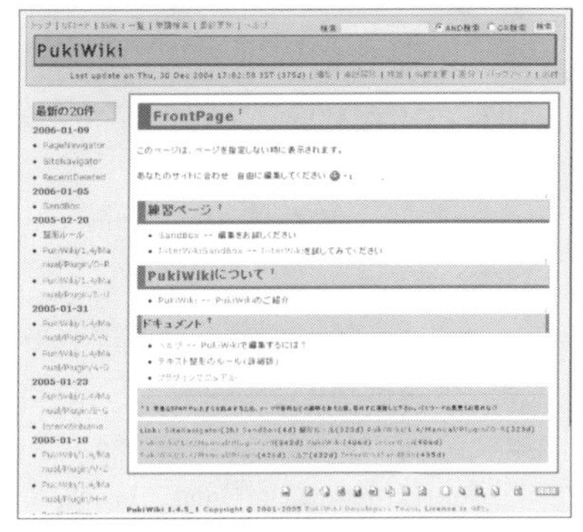

blue

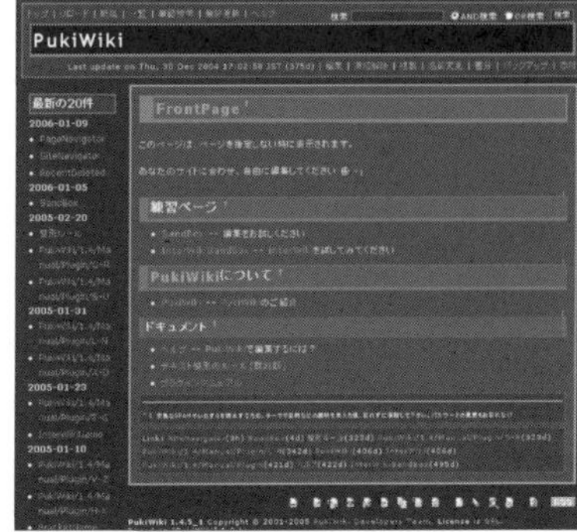

black

yellow

white

```
if (! defined('PKWK_SKIN_GS2_CSS_COLOR'))
    define('PKWK_SKIN_GS2_CSS_COLOR', 'blue');
```

また、GSスキンならではの3段組構成を利用するためには、同梱の**menu2.inc.php**をPukiWikiの**plugin**ディレクトリに設置した上で、**pukiwiki_gs2.ini.php**の33行目付近を以下のように「**1**」に変更します（デフォルトでは「**0**」になっています）。

```
33 define('PKWK_SKIN_GS2_3COLUMN', 1); // 1, 0
```

次に、**pukiwiki.ini.php**内に右側のメニューバーとなるページの名前を指定する変数を追加します。具体的には、次のように134行目あたりに変数**$menubar2**として追加してください。

```
128 // Default page name
129 $defaultpage  = 'FrontPage';     // Top / Default page
130 $whatsnew     = 'RecentChanges'; // Modified page list
131 $whatsdeleted = 'RecentDeleted'; // Removeed page list
132 $interwiki    = 'InterWikiName'; // Set InterWiki ➡
    definition here
133 $menubar      = 'MenuBar';       // Menu
134 $menubar2     = 'RightBar';      //    ←この行を追加
```

さらに**RightBar**という名前でページを新規作成して、右側のメニューバーに表示したい内容を記入します。すると、画面右側に新たにメニューバーのような幅で枠が表示されるようになります（図4-6）。

スキンのダウンロードや設定の詳細についてはPukiWiki公式サイトの「自作スキン/GS」ページを参照してください。

図4-6

3段組構成で表示したGSスキン

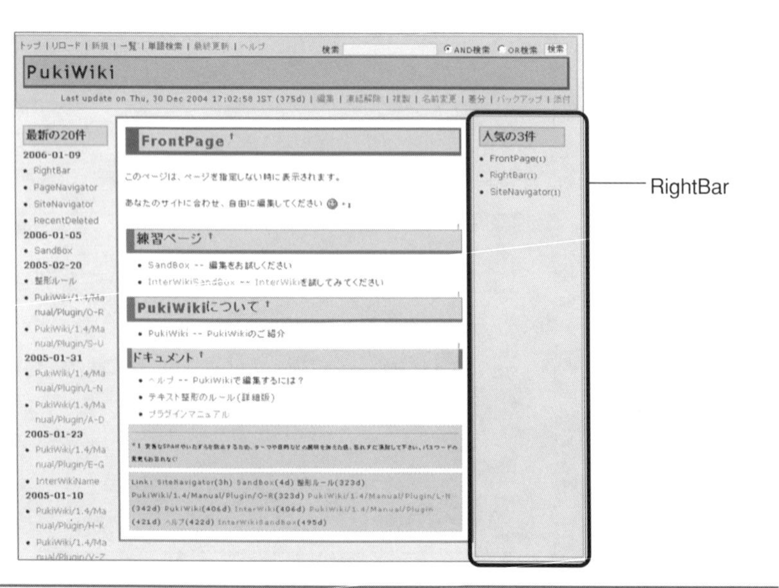

hiyokoya6スキン

hiyokoya6スキンは、hiyokoya6氏によって作成されたスキンです。デザインはBackColumn、rarara、graybackの3種です（図4-7）。BackColumnは特徴的な背景デザインのスキンで、3色のカラーバリエーション（青、赤、緑）が用意されています。ráraraは印象的な背景デザインとともに、見出し部分にも画像を使用したポップなデザインです。graybackはスタイリッシュで、左側のメニューバーが強調されているデザインです。

hiyokoya6シリーズのスキンは、初期のスキンファイル名と同名で設置することを想定されています。上書きする際には、念のため既存の設定ファイルをバックアップとして残しておくことをお勧めします。

設置自体は同名ファイルを上書きし、**images**ディレクトリに同梱の画像ファイルを設置するだけなので手軽に利用できます。どのスキンも各機能のナビゲーションバーやメニューバーの構成が初期スキンを踏襲した配置のため、初期のスキンからの違和感は少ないものになっています。

スキンのダウンロードや設定の詳細についてはPukiWiki公式サイトの「自作スキン /hiyokoya6」ページを参照してください。

図4-7
hiyokoya6スキンの例

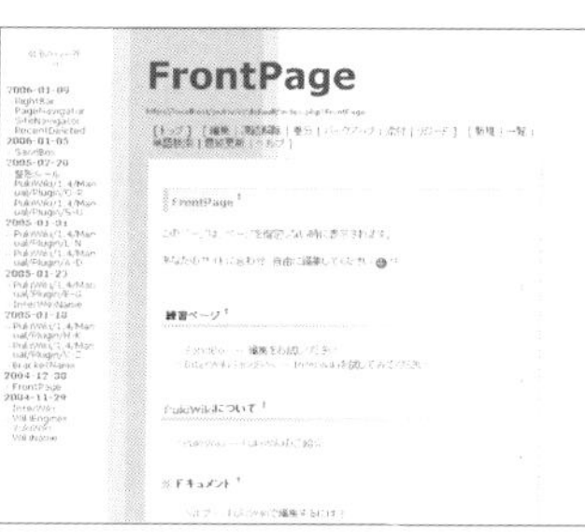

BackColumn（青、赤、緑）

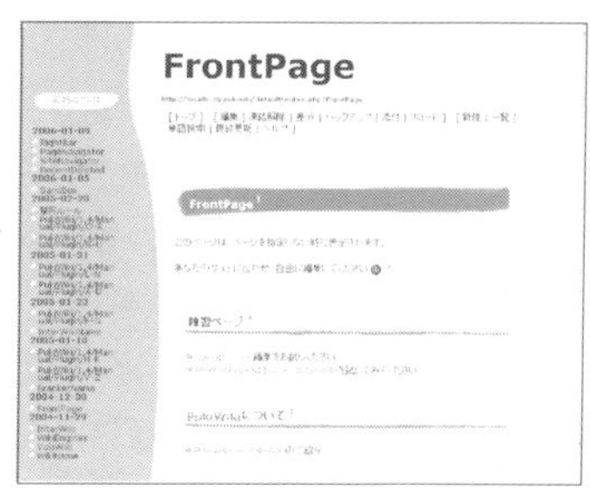

rarara

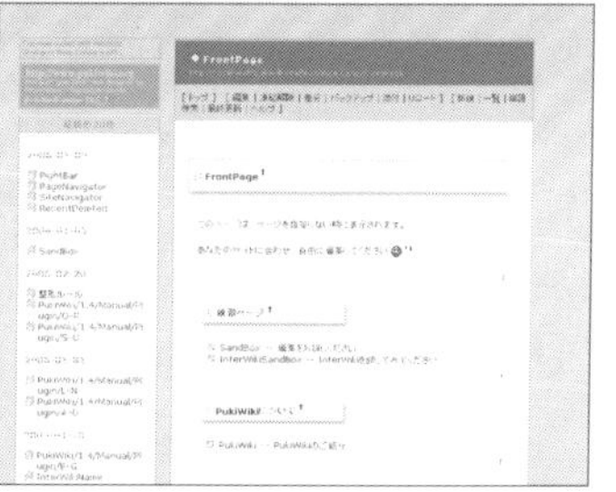

grayback

4-5　画面レイアウトの変更

実際に自分でより凝ったカスタマイズを行いたい場合は、スキンを自作することになります。スキンの自作には、前述のとおりHTML、CSS、そしてPHPの知識が必要となります。それぞれについての知識が全然無いレベルではスキンカスタマイズは無理ですが、部分ごとのカスタマイズを一歩一歩行うことで、PHPの知識を身に付けつつ、カスタマイズの幅を広げることはできます。PukiWikiのカスタマイズは、PHPやHTMLなどの知識の習得用教材としても向いているでしょう（ただし入門レベルではありません）。

メニューバーの表示位置を右側へ変更する

スキンカスタマイズの第一歩として、まずは画面左側にあるメニューバー（図4-8の「**div#menubar**」にあたる部分）を右側へ移してみましょう。

画面内の各部を配置変更するには、**skin**ディレクトリにある**pukiwiki.skin.php**ファイルを修正します。

注意！

> PukiWikiのPHPファイルは、文字コードがEUC-JPで作成されています。EUC-JPに対応しているフリーウエアやシェアウエアのテキストエディタを利用してください。

スキンファイルをブロック単位で部分的に修正する際に目安となるのが、**div**タグのID名です。ID名を目印に、**div**タグが閉じる部分までが該当のブロックとなります。ブロックによっては、開始前後にPHPの**if**文による条件分岐が含まれていて、修正する際には**if**文のブロック構成を崩さないように気をつけなければなりません。各ブロックのID名は図4-8のとおりです。

メニューバーを表示する部分の記述は、**pukiwiki.skin.php**内の166～179行目付近にあります（リスト4-2）。このうち166行目の**if**文は、表示されるページが一般のWikiページか、あるいは検索ページやページ名一覧などのWikiページではないページかどうかを判断する条件分岐です。

初期状態では、Wikiページの場合に、**table**タグを利用して左側にメニューバーページを表示しつつ、右側にWikiページを表示します。Wikiページでない場合はメニューバーがなく、本文のみの表示になるように組まれています。

図4-8

標準スキンのID名一覧

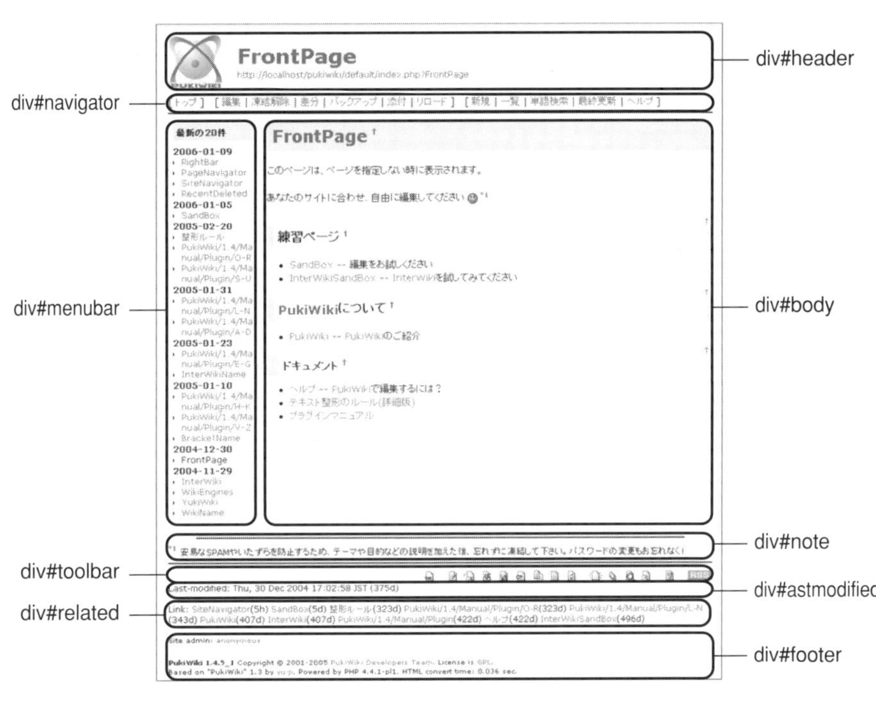

リスト4-2

pukiwiki.skin.phpのメニューバーと本文出力部分

```
<?php if (arg_check('read') && exist_plugin_convert('menu')) { ?>
<table border="0" style="width:100%">
 <tr>
  <td class="menubar">
   <div id="menubar"><?php echo do_plugin_convert('menu') ?></div>
  </td>
  <td valign="top">
   <div id="body"><?php echo $body ?></div>
  </td>
 </tr>
</table>
<?php } else { ?>
<div id="body"><?php echo $body ?></div>
<?php } ?>
```

メニューバーを左から右側へ移動するには、**table**タグをそのまま利用するなら、169～171行目の**td#menubar**を174行目以降に移動するだけです。変更すると次のようなコードになります。

```
169   <td valign="top">
170    <div id="body"><?php echo $body ?></div>
171   </td>
172   <td class="menubar">
173    <div id="menubar"><?php echo do_plugin_convert⏎
    ('menu') ?></div>
174   </td>
```

変更後の画面表示は、図4-9のようになります。

メニューバーの配置変更はこれだけで済むので、スキンファイルのカスタマイズとしては手軽なものです。これを基本として、スキンファイルを部分ごとに修正してプレビューするという手順を繰り返すことで、徐々に凝ったカスタマイズが可能になることでしょう。

図4-9
メニューバー配置後

メニューバーを表示しない

一歩進んだカスタマイズとして、FrontPage以外ではメニューバーを表示しないというカスタマイズをご紹介します。FrontPage以外でメニューバーを非表示にする狙いとしては、文章量の多いページで最大限にページ幅を利用する、もしくはメニューバーから直接各ページへ移動するようなナビゲーションよりも、FrontPageを主体としたナビゲーションにするということが考えられます。

修正ポイントはたったの1行で、修正箇所は**pukiwiki.skin.php**の166行目の**if**文に条件を追加するだけです。加える条件は「**$_page == $defaultpage**」で、追加すると次のようになります。

```
166 | <?php if ($_page == $defaultpage && arg_check('read') ⏎
    | && exist_plugin_convert('menu')) { ?>
```

これでメニューバーは、初期ページとして設定されているFrontPageでのみ表示されるようになります。

ここから先のより凝ったカスタマイズを行うには、PHPの基本的な書式やルールを知っている必要があります。必要に応じてPHPの知識を習得してください。

複雑に見える標準スキンファイル

標準スキンファイルにはPHPプログラムが多数含まれていて、初めて見た方は難解なイメージを持つかもしれませんが、一番複雑に見える部分は**div#navigator**と**div#toolbar**を構成するために関数化されている箇所と、表示するページごとの条件分岐です。

標準スキンに含まれる関数は2つあります。**_navigator()**と**_toolbar()**の2つです。これらは、名前から想像できるとおり、ナビゲーション用リンクのHTMLを生成するためのものです。標準スキンをベースに、ナビゲーションバーやツールバーの配置を差し替える場合は、この2つの関数を利用している部分を目安に修正するとよいでしょう。

リスト4-3
標準スキン内部関数

```
_navigator($key, $value = '', $javascript = '')

  $key        : 各機能の名前（配列$GLOBALS['_LINK']のキーと対応）
  $value      : 生成されたアンカータグのtitle属性
  $javascript : アンカータグに挿入されるJavaScript

_toolbar($key, $x = 20, $y = 20)

  $key : 各機能の名前（配列$GLOBALS['_LINK']のキーと対応）
  $x   : 画像ファイルの横サイズ
  $y   : 画像ファイルの縦サイズ
```

これらの関数が働く部分は、スキンファイルに直接HTMLで書き込んでおいても動作上問題ありません。しかしHTMLで書き込んでしまうと、記述が長くなり、**if**文で条件分岐する際にブロックの見通しが悪くなったり、同じHTMLを何度も書くことになって保守性が下がります。こういったことを避けるために関数として用意されています。

また標準スキンでは、スキンファイル内では定義されていない関数も利用しています。それらはPukiWikiの本体で定義されているものです。よく利用されている関数には、プラグインを実行して出力結果を得る**do_plugin_convert()**や、プラグインの機能存在チェックを行う**exist_plugin_convert()**があります。これらの関数の動作の詳細を調べるにはPukiWikiのソースコードを直接読み取ることになりますので、より深いPHPの知識と根気が必要となります。

いままでに紹介した簡単なカスタマイズから自作スキンを作成するまでには、いろいろな知識を身につける必要がありますが、興味のある方は是非PHPの習得と合わせてより凝ったカスタマイズに挑戦していただきたいと願います。

第 5 章

プラグインとその作成

PukiWikiの特徴のひとつは、プラグインで機能を大幅に拡張できるところです。プラグインの使い方はすでに第３章で説明しています。それに加えてAppendix Bで詳細に解説しているリファレンスを参考にすれば、プラグインを自由自在に使いこなすこともできるようになるでしょう。本章ではさらに一歩踏み込んで独自プラグインの作り方を解説することで、プラグインの中がどうなっているかを見てみましょう。

text by 増井 雄一郎、miko

5-1 PukiWikiのプラグインとは

PukiWikiの魅力はプラグインの豊富さです。PukiWiki 1.4.6では実に80種類ものプラグインが標準添付されています。これによりPukiWikiは、HTMLやCGIをまったく書かずに、高度な機能を持ったサイトを構築することができます。

カレンダーを表示したり日記を書くためのcalendar2プラグインや、バグやToDoを管理する為のtrackerプラグインなど、単純なドキュメント管理だけではなく、グループウエア的な使い方も十分できます。

その反面、Wikiは初心者には敷居が高く、なかなかページを書き換えるところまで行かないことが多くあります。そのため、多くのサイトではcommentプラグインなどを使ってページに掲示板を埋め込み、ユーザからの反応を受け取るようにしています。

公式サイトでは、標準添付のプラグイン以外にも多数の自作プラグインが公開されています。思いつくほとんどの機能は、プラグインで提供されているといえるでしょう。

URL

自作プラグイン - PukiWiki-official
`http://pukiwiki.sourceforge.jp/`
「プラグイン」→「自作プラグイン」

プラグインの使い方

プラグインの使い方には大きく分けて2種類の方法があります。

1つはページに埋め込む形のプラグインです。これからさらに、「ブロック型プラグイン」と「インライン型プラグイン」の2つに分かれます。ほとんどのプラグインは、ブロック型かインライン型で提供されています。両方とも、そのプラグインを呼び出した位置に、そのプラグインの出力が表示されます。しかし、中にはrelatedプラグインなどのようにページ以外に影響を及ぼし、その場所には何も表示されないプラグインもあります。

もう1つのプラグインの使い方は、URLに埋め込み、ページ全体がそのプラグインになる「コマンド型プラグイン」です。

・ブロック型プラグイン

1行に1つしか設置できず、必ずシャープ（#）で始まります。ブロック型は、必ず前後で改行されるので、段落の中に含めることはできません。HTMLを動的に変化させたい場合に適しています（もちろん静的な使用も可能です）。

・インライン型プラグイン

1行に複数設置することができ、プラグインによっては入れ子にすることもできます。アンド（&）で始まり、セミコロン（;）で終わります[5-1]。通常、前後に改行は入らないので、段落内で使うことができます。どちらかというと書式の変更など、文章の静的な変化をつけたい場合に適しています。

注［5-1］
HTMLでいうところの文字の実体参照の書式です。

・コマンド型プラグイン（アクションプラグイン）

URLを指定したり、フォームからの送信を受け取って処理したい場合に使用します。

PukiWikiは多数のプラグインを同梱しています。これらすべてを使うことはありませんが、どのようなプラグインが提供されているのか、ひと通り把握しておくと、ページを作る際に非常に便利でしょう。

簡単な使い方の具体例は第3章で説明した通りです。プラグインの詳細はAppendix Bを参照してください。

プラグインの構成

PukiWikiは、よく使われる機能を持ったコアモジュールと、機能を達成するためのプラグインから構成されています。当初はコマンドと呼ばれていた主要機能（表示、編集、添付など）の部分も、プラグイン化するような方向になっています。

またプラグインは、PHP、HTML、HTTPを知っている人であれば独自に作成し、コマンドや文法を追加することができます。またそれを公開している人もいて、それらをダウンロードして自分のサイトに追加することもできます。自作プラグインについては、前述のPukiWiki公式サイトの「自作プラグイン」ページを参照してください。

プラグインの作成

ここからはPHP、HTML、HTTPを使用できる人を対象に、プラグインの作成の方法を説明していきます。簡単なプラグインの構造を見ることで、PuKiWikiに対する理解が深まるでしょう。

プラグインを作るには、そのプラグイン名のPHPファイルを作成します。例えば「photoframe」プラグインを作成したい場合は、**plugin**ディレクトリ内に**photoframe.inc.php**を作成して、その中に処理を記述していきます。

次節より、コマンド型、ブロック型、インライン型の順に解説します。

5-2　コマンド型プラグインの作り方

コマンド型プラグインは、URL直接指定（GETメソッド）やフォームからの送信（POSTメソッド）で、プラグインを指定されたときに呼び出されます。これを使用する関数は以下になります（引数はありません）。

```
function plugin_プラグイン名_action()
```

画像を表示するプラグイン

サンプルとしてリスト5-1のソースコードを使用します。このプラグイン「photoframe」は、特定のディレクトリにある画像を表示します。

ソースコードの要点を上から順に説明していきます。

1. ファイル名と関数名は、プラグインの名前によって決定します。プラグイン名が「photoframe」なので、ファイル名は**photoframe.inc.php**、関数名は**plugin_photoframe_action**となります。

2. 関数の先頭でパラメータの数および内容を取得し、チェックします。グローバル変数である**$get**／**$post**もしくは**$vars**を使用します。

3. 連想配列のなかの「**msg**」にタイトル、「**body**」に出力したい項目をHTMLで記述することにより、結果を表示します。

4. 画像などを表示したい場合、自分で**header**関数および**print**（もしくは**echo**）関数で出力し、最後にそれ以降表示させないために**exit**します。

このphotoframeプラグインを実行するには、次のようなURLにアクセスします。ここでは引数（GETメソッド）で**sample.jpg**というファイルを指定しています。

例えば**http://example.jp/**にPukiWikiを設置した場合、以下のURLにアクセスすると次の画面のように表示されます。

```
http://example.jp/index.php?plugin=photoframe&file=sample.jpg
```

▼

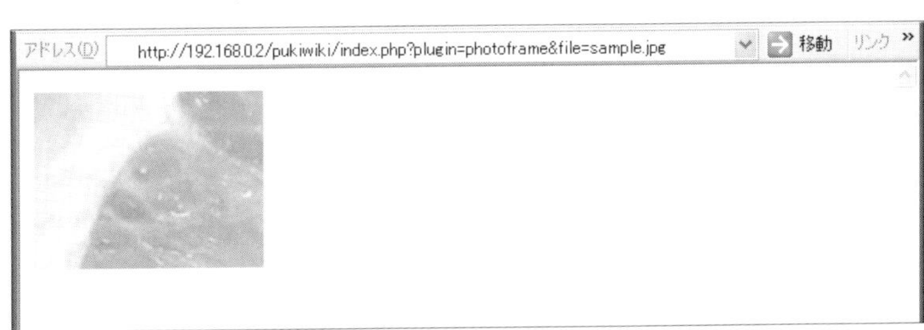

リスト5-1

特定のディレクトリにある画像を表示するプラグイン

```
<?php

define('PLUGIN_PHOTOFRAME_USAGE', 'Usage: plugin⏎
=photoframe&amp;file=photo_image_file');

function plugin_photoframe_action()
{
   global $vars;

   $body = 'photo $1 not found.';
   $file = isset($vars['file']) ? basename($vars['file']) : '';
   if($file != $vars['file']) {
      return array('msg'=>'Not file', 'body'⏎
=>PLUGIN_PHOTOFRAME_USAGE);
   }
```

```
    $path = realpath('photo/' . $file);
    if(!file_exists($path)) {
        return array('msg'=>'PHOTO file not found', 'body'⏎
=>PLUGIN_PHOTOFRAME_USAGE);
    }

    $size = @getimagesize($path);
    if ($size === FALSE || ($size[2] < 1 && $size[2] > 4)) {
         return array('msg' => 'Not an image', 'body'⏎
=>PLUGIN_PHOTOFRAME_USAGE);
    }
    switch ($size[2]) {
        case 1: $type = 'image/gif' ; break;
        case 2: $type = 'image/jpeg'; break;
        case 3: $type = 'image/png' ; break;
    }
    $length = filesize($path);

    // Output
    header('Content-Disposition: inline; filename="' . ⏎
$file . '"');
    header('Content-Length: ' . $length);
    header('Content-Type: '    . $type);
    @readfile($path);
    exit;
}

?>
```

5-3 ブロック型プラグインの作り方

ブロック型プラグインは、PukiWikiの文法を追加するプラグインです。プラグインをWikiソースに埋め込むことにより、HTMLを動的に変換することができます。

書式は以下のとおりです。

```
#pluginname

#pluginname(arg-list)
```

画像を表示するプラグイン（ブロック型）

ここでは先ほど作成した画像を表示するプラグインの、ブロック型プラグイン版を作ってみましょう。「photoframe」というプラグインを以下のように記述すると、画像とコメントが表示されるようになります。

```
#photoframe(sample.jpg,あのときのorangeです)
```

photoframe
http://192.168.0.2/pukiwiki/index.php?photoframe

[トップ] [編集 | 凍結 | 差分 | バックアップ | 添付 | リロード] [新規 | 一覧 | 単語検索 | 最終更新 | ヘルプ]

最新の20件
2006-02-06
・photoframe
2005-10-16
・SandBox
2005-10-12
・PukiWiki/1.4/Manual
・PukiWiki/1.4
2005-10-11
・整形ルール

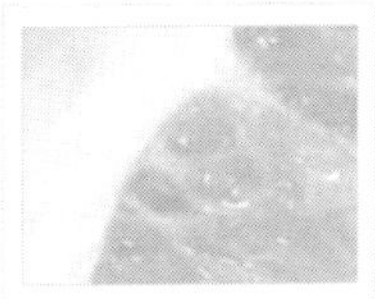

あのときのorangeです
PUKIWIKI

コマンド型プラグインで使用した**photoframe.inc.php**の任意の場所にリスト5-2のソースコードを追加してみましょう。ソースコードの要点を上から順に説明していきます。

1. ファイル名と関数名は、プラグイン名によって決定します。プラグイン名が「photoframe」なので、ファイル名は**photoframe.inc.php**（コマンド型プラグインと同じ）、関数名は**plugin_photoframe_convert**となります（可変引数なので引数記述はありません）。

2. 関数の先頭でパラメータの数および内容を取得し、チェックします。PHPの関数である**func_num_args**および**func_get_args**で取得します。

3. 引数が不正であったり処理できないようであれば、**FALSE**を返します。これにより、不正なパラメータの場合はそのままテキストとして出力されます。

4. 引数が正常ならば、プラグインに合わせたHTMLを返します。

リスト5-2
画像を表示するプラグイン（ブロック型）

```
function plugin_photoframe_convert()
{
   $args = func_get_args();

   $file = isset($args[0]) ? $args[0] : '';
   if (!is_url($file)) {
      if ($file != basename($file)) {
         return FALSE;
      }
      $url = get_script_uri() . '?plugin=photoframe&amp;file⬅
=' . urlencode($file);
   } else {
      $url = $file;
      if (function_exists('getimagesize')) {
         $size = @getimagesize($url);
         if ($size === FALSE || ($size[2] < 1 && $size[2] > ⬅
4)) {
            return FALSE;
         }
      } else if (!preg_match('/¥.(jpe?g|gif|png)$/i', $url)) {
         return FALSE;
      }
   }

   $s_message = htmlspecialchars($args[1]);
```

```
    $clear = '';
    $style = '';
    $arg = isset($args[2]) ? strtoupper($args[2]) : '';
    if ($arg == '' || $arg == 'L' || $arg == 'LEFT') {
        $style = ' style="float:left;"';
    } else if ($arg == 'R' || $arg == 'RIGHT') {
        $style = ' style="float:right;"';
    } else if ($arg == 'C' || $arg == 'CLEAR') {
        $clear = '<div style="clear:both"></div>' . "¥n";
    }

    return <<<EOD
<div class="photoframe"{$style}>
 <div class="photoimage"><img src="{$url}" alt="" /></div>
 <div class="photomessage">{$s_message}</div>
</div>$clear
EOD;
}
```

出来上がったら、PukiWikiのプラグインのディレクトリにアップロードします。編集画面で次のように記述してみましょう。

```
#photoframe(sample.jpg, あのときのorangeです)
```

これで次のような画面が表示されます。

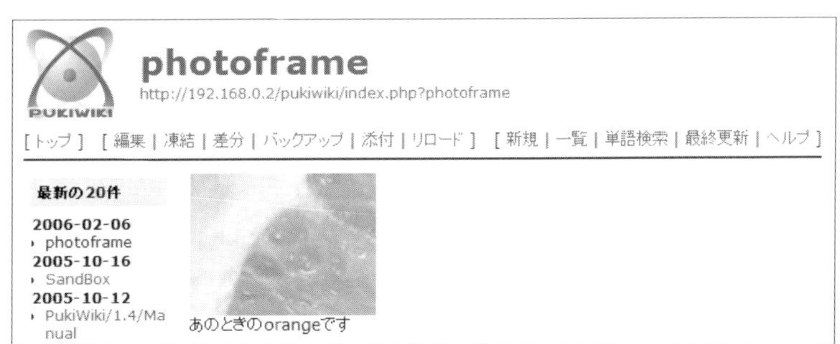

CSSを追加する

このままでは味気ないので、ここからCSSを追加しましょう。

skin/pukiwiki.css.phpにリスト5-3のソースコードを追加します。

リスト5-3
ブロック型プラグイン用に追加するCSS

```
.photoframe {
        border: 2px solid;
        border-color: #e2e2db #c4c4ac #c4c4ac #e2e2db;
        background-color: #f7f7f4;
        padding: 8px;XHmargin: 0px;

        background-repeat:no-repeat;
        background-position: 100% 100%;
        background-image: url(../photo/banner.png);
}
.photoimage {
        margin: 0px;
}

.photoimage img {
        margin: 0px;
        border: 1px solid #cccccc;
}

.photomessage {
        margin: 8px auto 16px auto;
        text-align: center;
        font-family: "Lucida Grande", Verdana, Arial;
        font-size: x-small;
}
```

そして**banner.png**を**photo**ディレクトリにアップロードして、もう一度photoframeプラグインを記述したページを見てみましょう。次ページのような画面になれば成功です。

photoframe
http://192.168.0.2/pukiwiki/index.php?photoframe

[トップ]　[編集 | 凍結 | 差分 | バックアップ | 添付 | リロード]　[新規 | 一覧 | 単語検索 | 最終更新 | ヘルプ]

最新の20件
2006-02-06
- photoframe
2005-10-16
- SandBox
2005-10-12
- PukiWiki/1.4/Manual
- PukiWiki/1.4
2005-10-11
- 整形ルール

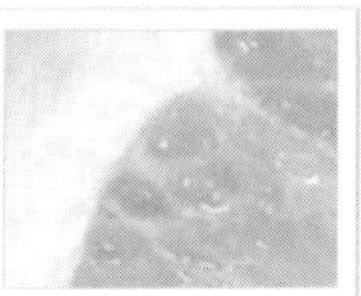

あのときのorangeです

PUKIWIKI

5-4　インライン型プラグインの作り方

インライン型プラグインは、PukiWikiバージョン1.4から追加された新しい形式のプラグインです。ブロック型ではプラグインを行単位にしか書けませんでしたが、書式が行内に記述されていればどこに書いてもよくなりました。これにより表現力も格段にあがりました。

プラグインの書式は以下になります。

```
&pluginname;

&pluginname(arg-list);

&pluginname(arg-list){text};
```

画像を表示するプラグイン（インライン型）

インライン型プラグインで画像を表示してみましょう。プラグインの名前は同じく「photoframe」とします。関数は次のようになります（可変引数なので引数記述はありません）。

```
function plugin_プラグイン名_inline()
```

では、実際にインライン型プラグインを作成してみましょう。リスト5-4のソースコードを**photoframe.inc.php**の任意の場所に追加してみます。順を追って説明していきます。

1. 最初に引数の数のチェックを行っています。ここではサイズ指定と対象のワードの2つの引数を使用します。
2. それぞれの引数をチェックします。処理できない場合は**FALSE**を返して、与えられた文をそのまま出力します。
3. HTMLを出力します。

リスト5-4
画像を表示するプラグイン（インライン型）

```
function plugin_photoframe_inline()
{
   if (func_num_args() != 2) return FALSE;

   list($file, $body) = func_get_args();

   if ($file == '' || $body == '') {
      return FALSE;
   }

   if ($file != basename($file)) {
      return FALSE;
   }
   $url = get_script_uri() . '?plugin=photoframe&amp;file=⏎
' . urlencode($file);
   $body = htmlspecialchars(preg_replace('#<[^>]+>#', ⏎
'', $body));

   return '<span class="photoimage"><img src="' . $url . ⏎
'" title="' . $body . '"></span>';
}
```

実際にプラグインが出力できるかやってみましょう。編集ページに次のように記述してください。

```
&photoframe(sample.jpg){あのときのorangeです};
```

次のように表示されれば成功です。

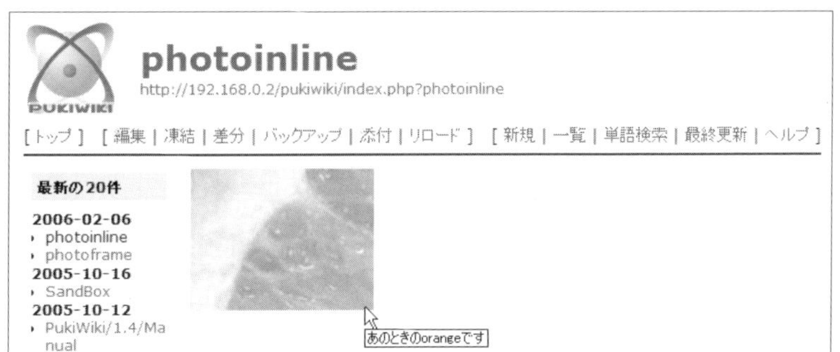

インライン型プラグインの注意点

ただし、インライン型プラグインはいくつかの制約や推奨スタイルがあるので、以下の点に注意してください。

・変換されたくない引数の場合はarg-listの引数に入れる

引数**text**の部分は既に変換済みのHTMLファイルが渡されます。よく陥りやすいのが、以下のような場合、意図しない引数が来るときがあります。したがって、変換されたくない引数の場合は**arg-list**の引数に入れましょう。

```
&size(16){123&size(64){456};789};
```

・text部分は存在しない場合も引数は存在する

中括弧内のテキスト部分は存在しなくても、空文字列として引数に渡されます。したがって、最低でも引数は1つ存在します。引数の判別は十分に注意しましょう。インライン関数内での引数は、以下のように処理するとよいでしょう。

```
$args = func_get_args();
$body = array_pop($args);        // 引数の最後は必ず {body}
$argc = count($args);            // (args,…)内の引数の数はここ
```

5-5 プラグインについてそのほか注意すること

プラグイン内で使用できる変数と関数

プラグインの中では、主に表5-1のグローバル変数が使用できます。

表5-1
プラグイン内で使用できるグローバル変数

グローバル変数	内容
$script	呼ばれているスクリプト名
$get	GETメソッドによるHTTPからの引数（エンコード済）
$post	POSTメソッドによるHTTPからの引数（エンコード済）
$vars	GET／POST両方からの引数（同じキーはPOST優先）
$vars['page']	開いているページ名

またPukiWiki自身で用意されている、いくつかの便利な関数があります。表5-2にまとめてありますので、参考にしてください。

表5-2
PukiWikiによって用意されている便利な関数

注［5-2］
いくつかの値はデフォルト引数を推奨しているため、記述していません。

戻り値	関数と引数 [5-2]	内容
boolean	is_url($str, $only_http)	$strがURLで記述されているか。
boolean	is_pagename($page)	$pageはページ名として有効か調べる。
boolean	is_page($page)	$pageはページとして存在するか。
boolean	is_freeze($page)	$pageは凍結されているか。
String	get_script_uri()	呼び出されているURLを取得する。
Array	get_source($page)	$pageのソースを取得する。
String	get_filetime($page)	$pageの最終更新日時をUNIX時間で取得する。
String	check_readable ($page, $auth, $exit)	$pageが観閲可能かチェックする。$authがTRUEなら（不可のとき）BASIC認証を要求し、$exitがTRUEなら（不可のとき）終了。
String	check_editable ($page, $auth, $exit)	$pageが編集可能かチェックする。$authがTRUEなら（不可のとき）BASIC認証を要求し、$exitがTRUEなら（不可のとき）終了。

セキュリティ

プラグインに渡される変数は`func_get_args()`で取得できますが、このとき外部から入力された値をそのまま渡していますので、プラグインの中で入力フィルタをかけてから出力しないと、クロスサイトスクリプティング(XSS)の脆弱性が発生しますので、ご注意ください。

ただし、インライン型プラグインの中括弧内の`text`部分は、既に入力フィルタにかけているので、そのまま使用できます。

ページ認証

PukiWikiバージョン1.4からページ認証が追加されています。ページ認証に対応するようにしてください。ユーザ認証は、`check_editable`／`check_readable`関数を使用してください。

プラグインを公開しよう

あなたが納得のいくプラグインができたら、ぜひオフィシャルサイトに公開しましょう。オフィシャルサイトの「自作プラグイン」のコーナーに登録すると、ユーザからのフィードバックも期待できます。

URL

自作プラグイン - PukiWiki-official
http://pukiwiki.sourceforge.jp/
「プラグイン」→「自作プラグイン」

応用事例

──企業内での情報共有に活用する──

PukiWikiはインターネット上で公開されている以上に企業内でのローカルな利用が多いと思われます。ここではPukiWikiを企業内で利用する事例や活用方法などをご紹介します。

text by 大河原 哲

6-1 活用事例の参考資料

PukiWikiをさまざまな局面で利用する事例集としては、PukiWiki公式サイトの次のエントリーが役に立ちます。

URL

PukiWiki/活用事例 - PukiWiki-official

http://pukiwiki.sourceforge.jp/

「PukiWikiについて」→「活用事例」

6-2 文書保存スペースとしての活用

社内で共有する文書にはさまざまな種類があります。そのさまざまな文書を共有する方法として一番多く利用されているのが、ファイルサーバによるファイル共有でしょう。WordやExcelなどの電子ファイルをファイルサーバに置き、お互いに更新して情報を共有することが一番手軽な手段です。

ファイルを直接共有する際に問題となるのが、更新の衝突問題とバージョン管理、そして更新したことを伝える手段でしょう。これらの問題を解決するために、さまざまな方法があり、製品もいろいろと出ています。しかし実際に導入するには、コストや手間の面で壁があります。

文書をPukiWikiのページとして管理すれば、更新の衝突、バージョン管理、更新状態を知らせることが簡単にできます。コストの面でもPukiWiki自体は無償で利用できますし、既存のサーバにhttpdとPHPを導入すれば、初期導入費用はほとんどゼロです。

ファイル自体の共有が必要な場合には、PukiWikiの導入で解決できるわけではありません。しかしファイルの内容である情報を共有することが目的の場合、PukiWikiの機能はかなりの有用性があります。また、ファイル自体はファイルサーバ上で共有し、そのファイルについての説明やファイルの場所を書き記すための方法としてPukiWikiを利用することも十分有用です。

ファイルの情報を記載する場所として利用する場合、企業内ではWindowsがメインに利用されることが多いので、PukiWiki上でWindowsのネットワークパス形式であるUNC [6-1] を利用できるように改造すれば、ファイルサーバ上の

注［6-1］
Microsoft社のWindows向けネットワーク環境「Microsoftネットワーク」上で、ネットワークの向こうにあるマシン上の資源(ファイル、プリンタなど)を指し示すための表記法。

ファイルパスとその説明などをPukiWikiのページに記載しておくことで、ファイル管理に活用できます。

UNCを利用できるように改造

PukiWiki内でUNCを利用するために改造するのは、PukiWiki本体に含まれる**lib/make_link.php**ファイルです。

UNCをリンクとして認識させるために、2カ所の改造を行います。

1. **InlineConverter**クラスのコンストラクタ内の配列変数**$converters**に**unc**を追加
2. **Link_unc**クラス（**Link**クラスを継承）の追加

テキストエディタで**lib/make_link.php**を開き、58行目付近に**unc**の要素を加えます（リスト6-1の追加行）。そして**Link_unc**クラス（リスト6-2）を、同じく**make_link.php**の任意の場所に新たに書き加えます。

リスト6-1

InlineConverterクラスのコンストラクタ内の**$convertes**配列に要素**unc**を追加

```
53    function InlineConverter($converters = NULL, $excludes = NULL)
54    {
55        if ($converters === NULL) {
56            $converters = array(
57                'plugin',         // Inline plugins
58                'note',           // Footnotes
                  'unc',            // UNC     ←この1行を追加
59                'url',            // URLs
60                'url_interwiki',  // URLs (interwiki definition)
61                'mailto',         // mailto: URL schemes
62                'interwikiname',  // InterWikiNames
63                'autolink',       // AutoLinks
64                'bracketname',    // BracketNames
65                'wikiname',       // WikiNames
66                'autolink_a',     // AutoLinks(alphabet)
67            );
68    }
```

リスト6-2
Link_uncクラスの追加

```
// UNC
class Link_unc extends Link
{
    function Link_unc($start)
    {
        parent::Link($start);
    }
    function get_pattern()
    {
        $s1 = $this->start + 1;
        return <<<EOD
(¥[¥[              # (1) open bracket
 ((?:(?!¥]¥]).)+) # (2) alias
 (?:>|:)
)?
(                  # (3) unc
 (?:¥¥¥¥¥¥¥¥[^:¥/¥|<>?*";,]+|[A-Za-z]:)¥¥¥[^:¥/¥|<>?*";,]*
)
(?($s1)¥]¥])        # close bracket
EOD;
    }
function get_count()
    {
        return 3;
    }
    function set($arr,$page)
    {
        list(,,$alias,$name) = $this->splice($arr);
        return parent::setParam($page,$name,'','unc',$alias ⏎
 == '' ? $name : $alias);
    }
    function toString()
{
        $url = 'file:///' . preg_replace("/¥¥¥¥/","/",⏎
$this->name);
        return "<a href=¥"{$url}¥" title=¥"{$this->name}¥">⏎
{$this->alias}</a>";
    }
}
```

UNCを使ってみよう

この改造で、UNC表記がURI形式「**file://**」のリンクとして表示されるようになります。ただしこの改造では、空白を含むUNCも扱えるようにしているため、UNCをページ内に記述する際にはUNCと文章を区切る必要があります。実際にUNCを記載するときは、その前後をダブルクォーテーション（"）でくくるか、もしくはUNCだけを1行に記載してその終わりで改行する必要があります。

UNC表示機能が追加できたら、試しにUNC記述の例を適当な場所に記述してみましょう。上手く改造ができていれば、次のようにUNC記述がリンクとして表示されます。

・ダブルクォーテーションでくくる場合

```
"¥¥localhost¥共有名¥適当 ファイル名.txt" ダブルクォーテーション以降は⏎
文書となります。
```

"\\localhost\共有名\適当 ファイル名.txt" ダブルクォーテーション以降は文書となります。

file://localhost/共有名/適当 ファイル名.txt

・改行で区切る場合

```
とりあえずいろいろな文章
¥¥localhost¥共有名¥適当 ファイル名.txt
改行しておくとその行がUNCとしてリンクとなります。
```

とりあえずいろいろな文章 \\localhost\共有名\適当 ファイル名.txt 改行しておくとその行がUNCとしてリンクとなります。

6-3　article プラグインによる社内掲示板

注 [6-2]

article プラグインについては、B-1（168ページ）にも記載されています。

PukiWiki に標準で備わっている掲示板プラグイン「article」[6-2] を利用して、社内掲示板を作ることができます。

```
#article
```

▼

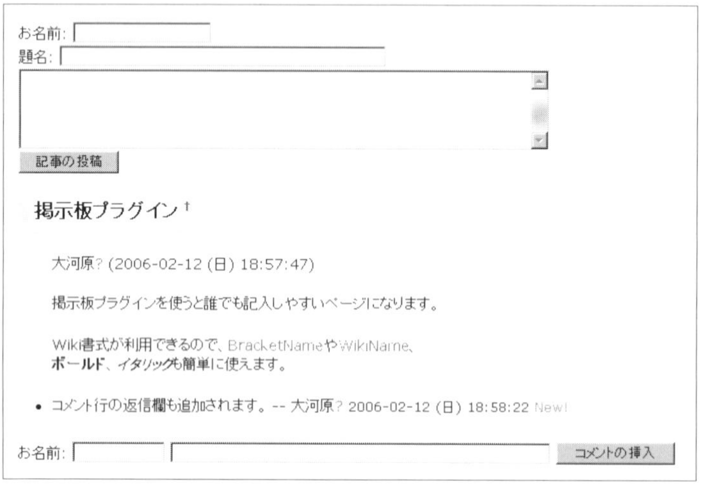

お名前:
題名:
記事の投稿

掲示板プラグイン †

大河原? (2006-02-12 (日) 18:57:47)

掲示板プラグインを使うと誰でも記入しやすいページになります。

Wiki書式が利用できるので、BracketNameやWikiName、
ボールド、*イタリック*も簡単に使えます。

- コメント行の返信欄も追加されます。-- 大河原? 2006-02-12 (日) 18:58:22 New!

お名前:　コメントの挿入

Web アプリケーション全盛の今日では、専用の掲示板システムもたくさんの種類があり、機能も豊富です。掲示板のみの活用であれば掲示板Webアプリケーションを利用したほうが便利なことが多いでしょう。

それでも PukiWiki を掲示板として利用することには、次のようなメリットがあります。

1. Wiki ページへリンクを貼ることができる。
2. 投稿された記事を誰でも Wiki の文書として再利用、再構成できる。
3. Wiki の書式を利用できる。

PukiWikiでは文書に特定の型があるわけではなく、書式を活用すればいろいろな表現が可能です。画像や添付ファイルなども自由に扱えるため、一般の掲示板専用Webアプリケーションよりも自由な形態で掲示板を活用できることが、PukiWikiで掲示板を用意することの大きなメリットです。

掲示板への投稿を管理者が修正したり、文書として再利用する場合には、誰でも編集可能なPukiWikiの特性が活きます。投稿するだけの人は掲示板プラグインから書き込みのみを行い、文書管理担当の人は掲示板から投稿された文章を編集し、別のページに移してみたり、書き加えたり装飾を加えてみたりすることができます。

また、掲示板の投稿内容にWikiの書式を利用することで、気軽に文章を装飾したり画像を表示するように書き加えることもできます。一般の掲示板Webアプリケーションでも文章装飾やファイル添付機能などがありますが、PukiWikiの自由度にはかないません。

ただしこれらのPukiWikiのメリットは、ときとしてデメリットにもなり得ます。PukiWikiの自由度は人によっては何をしていいのかが分からなくなるということにもなり得ますし、どこに文書があるのかがわかりづらいということもよく聞く悩みです。デメリットをスパっと解決するようなすばらしい解決法はまだ見つかりませんが、PukiWikiに慣れることで徐々に解決できることでしょう。

逆に、設置したPukiWikiを活用するという面で考えた場合、一般的な掲示板と同じ感覚で書き込みできるarticleプラグインを積極的に活用し、そこからPukiWikiへの書き込みに慣れてもらうという流れもあります。PukiWikiの編集機能は慣れた人には手軽で便利に感じますが、Webアプリケーションにあまり馴染みのない人にとっては編集機能を直接使うことは難しいようです。そのような人でも一般の掲示板を利用したことはある場合が多いので、掲示板の体裁であれば迷わずに書き込むことができるでしょう。

6-4　trackerプラグインによる制作進行管理

プロジェクトを進行する上で、クライアントと社内メンバーとの間で連絡を取り合うために、メールは欠かせないものでしょう。しかし連絡手段がメールのみの場合、1対1以上の複数人数間でのやりとりになると、話題の継続的な一覧性、整合性が取りづらくなります。

メールでのグループ間の情報共有にはメーリングリストという仕組みを利用する方々も多いと思いますが、やはりメールの特性上、特定の話題について継続的なやり取りを行うとどうしても引用部分が多くなって読みづらくなったり、メッセージが各々に分散しているため、同じ情報を確実に共有する点では信頼性が低い可能性があります。

そこで、メーリングリストの代わりとして、掲示板を設置して情報を共有することが考えられます。掲示板ならば情報は1カ所に集まり、話題ごとにメッセージが連なって管理されるので一覧性も高くなります。しかしながら、連絡とともに進行管理などを絡めて管理したいという用途においては、掲示板のみでは機能が足りないときがあります。

そこで、プロジェクトの進行管理にはPukiWikiのtrackerプラグイン[6-3]の活用をお勧めします。

注［6-3］
trackerプラグインについては、B-2（177ページ）にも記載されています。

trackerプラグインの使い方

trackerプラグインは、バグトラッキングシステムのような機能を、より汎用的にPukiWiki上で実現するためのものです。もともとPukiWikiにはバグトラッキング用のbugtrackプラグイン[6-4]がありますが、各項目は固定なので、バグトラッキング以外の目的で各要素を減らしたりというカスタマイズができません。

注［6-4］
bugtrackプラグインについては、B-2（175ページ）にも記載されています。

trackerプラグインは扱う項目を設定用のWikiページで管理できるため、項目を減らしたり増やしたりと自在にカスタマイズができるようになっています。カスタマイズ次第では投稿ごとにページが追加されるような掲示板としても使えますし、簡易的なデータベースのようなものにも利用できます。

trackerプラグインの設定は4つのページに分かれています。tracker全体の設定、記入フォーム、一覧表示、各ページ表示状態の4つです（表6-1）。

また`default`にあたるページ名を変更して、そのページ名をディレクトリ名として各設定ページを用意すると、「default」とは別のtracker設定になります。

表6-1
trackerプラグインの設定ページ一覧

ページ名	設定内容
config/plugin/tracker/default	tracker全体の設定
config/plugin/tracker/default/form	記入フォーム
config/plugin/tracker/default/list	一覧表示
config/plugin/tracker/default/page	各ページ表示状態

このように名前を付けて複数の設定を持つことができるので、目的に合わせて複数のtrackerを利用することができます。

例えば連絡を取り合うためのtrackerと、納品物の状態管理を行うためのtrackerを2種類用意して、連絡と納品物の情報共有を分けつつ、リンクを貼って連携させたりということが実現できます。

PukiWikiのtrackerプラグインには一般的なバグトラッキングシステムのみでは実現できない柔軟性があります。

tracker プラグインのカスタマイズ

配布されているPukiWikiのtracker設定ページは、バグトラッキング向けの項目になっています。例えば連絡用にtrackerを利用しようと考えた場合、もっと少ない項目でも十分です。

ここでは「contact」という名前で連絡項目trackerを設定してみます。最低限の項目として、登録者、分類、状態、タイトル、内容詳細の5項目を含みます（リスト6-3～6-6）。

リスト6-3
contactの全般設定（config/plugin/tracker/contact）

```
* fields
|項目名   |見出し  |形式    |オプション|デフォルト値|h
|name    |登録者  |page    |20       |          |
|category|分類    |radio   |         |全般      |
|state   |状態    |select  |         |－        |
|summary |タイトル|title   |70       |          |
|body    |内容詳細|textarea|60,6     |          |

* priority
|見出し|セルの書式         |h
|低   |BGCOLOR(#eeeeee):%s|
|中   |%s                 |
```

```
|高    |BGCOLOR(#ffcccc):%s    |
|至急  |BGCOLOR(#ff8080):%s    |

* state
|見出し|セルの書式            |h
|ー    |%s                    |
|済    |BGCOLOR(#999999):%s |
|質問  |BGCOLOR(#FFCCCC):%s |
|回答  |BGCOLOR(#CCFFFF):%s |
|要望  |BGCOLOR(#FFCC66):%s |
|連絡  |BGCOLOR(#FFFFCC):%s |
|保留  |BGCOLOR(#CCFFCC):%s |

* category
|見出し     |セルの書式|h
|全般       |''%s''    |
|カテゴリA|''%s''    |
|カテゴリB|''%s''    |
```

リスト6-4

contact フォーム設定（**config/plugin/tracker/contact/form**）

```
|RIGHT:    |LEFT:            |c
|~登録者   |[name]           |
|~分類     |[category]       |
|~タイトル|[summary]        |
|~内容詳細|[body]           |
|>         |CENTER:[_submit]|
```

リスト6-5

contact 一覧表示設定（**config/plugin/tracker/contact/list**）

```
|~&size(12){[_page]};     |~&size(12){[state]};    |~&size(12){[category]};
|~&size(12){[summary]};   |~&size(12){[_update]};|h
|[_page,state]            |[state]                |[category]↵
|[summary]                |&new(){[_update]};     |
```

リスト6-6

contactページ設定（**config/plugin/tracker/contact/page**）[6-5]

注 [6-5]

ページ内では配布パッケージには含まれないプラグイン「listbox3」を利用しています。PukiWiki公式サイトにある「自作プラグイン/listbox3.inc.php」ページを参考に組み込んでください。

```
* [summary]
|~登録者 |[name]                              |
|~分類   |[category]                          |
|~状態   |#listbox3([state],contact,state)    |
|~登録日 |[_date]                             |
|~更新日 |&new(){&lastmod;};                  |

** 詳細
[body]
----

#comment
```


contactの使用例 ――「連絡」ページ

ここまでで作成した「contact」設定を利用して「連絡」ページを作ります。ページを新規作成し、「連絡」ページに以下の内容を書き加えます。

```
#contents
* 連絡一覧
#tracker_list(contact)

* 連絡の追加
#tracker(contact)
```

「連絡」ページを作成しても、最初は「連絡一覧」欄には何も表示されません。「連絡の追加」として登録用のフォームが表示されます（図6-1）。

「連絡の追加」登録フォームに連絡事項を記入して「追加」ボタンを押すことで、ページ「連絡/1」（図6-2）が新たに追加され、一覧にも表示されるようになります。

連絡事項をもう1つ追加して表示したのが、図6-3の状態です。trackerプラグインでは登録するごとに「trackerを設置したページの名前/番号」という形式でページが追加される仕組みになっています。

図6-1

連絡の表示例

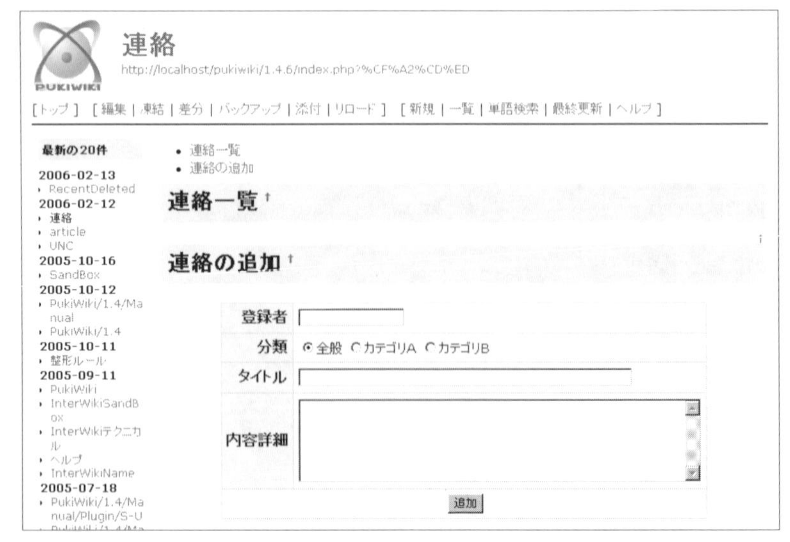

図6-2

連絡/1の表示例

図6-3
連絡登録後の表示例

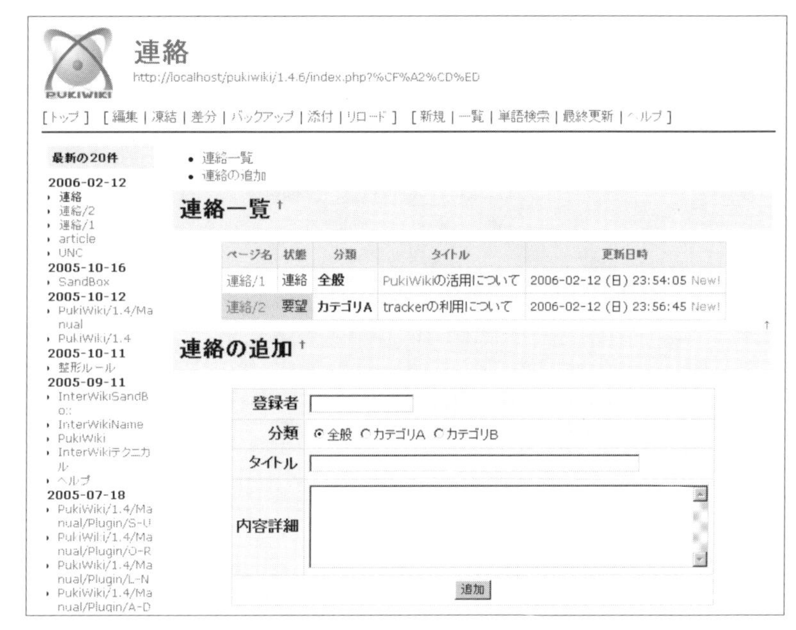

trackerプラグインでは登録ごとにページが追加されるので、登録直後には更新一覧の上位に表示されます。このため、注目するべき項目がすぐに判別でき、円滑な情報共有ができるようになります。

trackerプラグインに合わせて強化されているlistbox3を合わせて利用すれば、ページの項目をワンタッチで切り替えられるような仕組みを実現することも可能です。

trackerプラグインは設定項目が多く、活用するまでにはいろいろな試行錯誤が必要となりますが、使えるようになるとPukiWikiの利用範囲も広げられるくらいに強力なプラグインです。PukiWikiを設置する際にはtrackerプラグインの活用を是非検討してみてください。

多岐にわたる設定項目の詳細については、プラグイン作者であるぱんだ氏のサイトにある説明ページを参考にされることをお勧めします。

URL

tracker.inc.php - しろくろのへや
`http://home.arino.jp/?tracker.inc.php`

Appendix

text by 増井 雄一郎、miko

Appendix A　PukiWiki記法リファレンス

第3章ではアスタリスク（*や**）を使った見出しや、マイナス（-や--）を使ったリストなどを使ってみました。多くのページは、第3章で説明した記法だけで記述できますが、表現力に欠け、寂しいページになってしまいがちです。

PukiWikiは、多くのWikiクローンの中でも特に高い表現力を持っており、第3章で説明した以外にも、多くの記法をサポートしています。ここではそういったさまざまなPukiWiki記法を紹介します。

PukiWiki記法の基本

PukiWiki記法は大きく分けて2種類あります。行の先頭に*や-などを置いてその行全体を指定する「ブロック要素」と、文中で指定できる「インライン要素」です。

ブロック要素の中にブロック要素やインライン要素を置いたり、インライン要素の中にインライン要素を置くことはできます。しかしインライン要素の中にブロック要素を置くことはできません。

ブロック要素の中にブロック要素を置く場合にも制限があり、段落、見出し、水平線などは、他のブロック要素の下に置くことができません。このあたりは、覚えていなくても使っていけば自然と慣れるでしょう。

A-1　さまざまなPukiWiki記法

文字を表示

要素	インライン要素

入力した文字はそのまま通常のテキストとして表示されます。HTMLタグも入力したものがそのまま表示されます。文字参照（<や©など）はHTML中と同じように使うことができます。

```
テスト ABC &lt; ----<h1>タグは通りません</h1>
```

▼

テスト ABC < ----<h1>タグは通りません</h1>

改行 ―― ~ 、&br;

要素	インライン要素
対応するHTML／CSS	
構文	インライン要素~ &br;

改行をするには、行末にチルダ（~）を記述します。このようにチルダで改行した場合、次の行の行頭にあるフォーマット指定は有効になりません。その場合は、1行空行を空けて、ブロックを終わらせる必要があります。

また行中でも **&br;** と書けば、そこで改行できます。**&br;** による改行は表組みや見出しの中など、チルダではできないところで改行できます。

```
行末では
改行されません。

改行するには、行末に~を置きます。~
また行中でも、&br;と書けば、そこで改行できます。
```

行末では改行されません。

改行するには、行末に~を置きます。
また行中でも、
と書けば、そこで改行できます。

強調 —— ''

要素	インライン要素
対応するHTML／CSS	<strong>
構文	''インライン要素''

文字を太字で強調する場合は、シングルクォーテーション2つ（''）で括ります。強調の表示方法はブラウザやスタイルシートに依存しますが、多くの場合は太字として表示されます。

```
強調したいときは、''太字''を使いましょう。
```

強調したいときは、**太字**を使いましょう。

斜体 —— '''

要素	インライン要素
対応するHTML／CSS	<i>
構文	'''インライン要素'''

文字を斜体（イタリック）で表示する場合は、シングルクォーテーション3つ（'''）で括ります。

```
日本語ではあまり'''斜体'''は使わないですね
```

日本語ではあまり*斜体*は使わないですね

打ち消し線 —— %%

要素	インライン要素
対応するHTML／CSS	<s>
構文	%%インライン要素%%

文字に横線（打ち消し線）を重ねて表示します。

```
修正するときは、%%打ち消し線%%を使うと、間違った場所がわかりやすい。
```

修正するときは、~~打ち消し線~~を使うと、間違った場所がわかりやすい。

文字の大きさ —— &size()

要素	インライン要素
対応するHTML／CSS	font-size:
構文	&size(サイズ){インライン要素};

文字の大きさを指定します。単位はピクセルです。

また、推奨されませんが、古いバージョンとの互換性のために「SIZE():」というブロック要素もあります。こちらはfontタグ相当の機能となります。

```
&size(12){小さい文字};&size(30){大きい文字};
```

小さい文字大きい文字

文字色、背景色 ── &color()

要素	インライン要素
対応するHTML／CSS	font-size:
構文	&color(文字色、*背景色*){インライン要素};

文字の色と背景色を指定します。色の指定はCSSと同じように、色名または「#を用いた16進数」で指定できます。背景色を指定しない場合は、「&color(文字色){インライン要素};」のように、省略できます。

また推奨されませんが、古いバージョンとの互換性のために「COLOR():」という構文もあります。こちらはfontタグ相当の機能となります。

```
&color(red){赤い文字};&color(#0000ff){青い文字};&color(#0f0){緑の文字};
```

赤い文字青い文字緑の文字

水平線 ── ----

要素	ブロック要素
対応するHTML／CSS	<hr>
構文	----

水平線を引きます。

```
水平線は
----
区切りに使います。
```

▼

水平線は

区切りに使います。

見出し ―― *、**、***

要素	ブロック要素
対応するHTML／CSS	<H1> <H2> <H3>
構文	* インライン要素

行頭に「*」を付けると見出し行となります。見出しは3段階あり、*が大見出し、**が中見出し、***が小見出しとなります。

```
*大見出し1
**中見出し1-1
*大見出し2
**中見出し2-1
***小見出し2-1-1
***小見出し2-1-2
**中見出し2-2
**中見出し2-3
```

大見出し1 †

中見出し1-1 †

大見出し2 †

中見出し2-1 †

小見出し**2-1-1** †

小見出し2-1-2 †

中見出し2-2 †

中見出し2-3 †

番号無しリスト ―― -、--、---

要素	ブロック要素
対応するHTML／CSS	<ul> <li>
構文	- インライン要素

行頭に「-」を付けるとリスト表示になります。リストの頭には「・」が表示されます。リストには3段階あり、-、--、---の3つで表されます。-が多い方が深いリスト表示になります。

```
-リスト1
--リスト1-1
-リスト2
--リスト2-1
---リスト2-1-1
---リスト2-1-2
--リスト2-2
--リスト2-3
```

- リスト1
  - リスト1-1
- リスト2
  - リスト2-1
    - リスト2-1-1
    - リスト2-1-2
  - リスト2-2
  - リスト2-3

番号リスト ―― +、++、+++

要素	ブロック要素
対応するHTML／CSS	<ol> <li>
構文	+ インライン要素

行頭に+を付けると番号リスト表示になります。リストの頭には番号が表示されます。リストには3段階あり、+、++、+++の3つで表されます。+が多い方が深いリスト表示になります。

多くのブラウザでは、+の場合はアラビア数字で、++の場合はローマ数字で、+++の場合はアルファベットで番号が表現されます。

```
+リスト1
++リスト1-1
+リスト2
++リスト2-1
+++リスト2-1-1
+++リスト2-1-2
++リスト2-2
++リスト2-3
```

1. リスト1
    i. リスト1-1
2. リスト2
    i. リスト2-1
        a. リスト2-1-1
        b. リスト2-1-2
    ii. リスト2-2
    iii. リスト2-3

定義リスト —— : |

<table>
<tr><td>要素</td><td>ブロック要素</td></tr>
<tr><td>対応するHTML／CSS</td><td><dl> <dt> <dd></td></tr>
<tr><td>構文</td><td>:定義語 | 説明文</td></tr>
</table>

行頭に**:**を付けて定義語を書き、**|**で区切って説明文を書くと、定義リスト表示になります。**:**の個数によって、**:**、**::**、**:::**の3段階あります。**:**が多い方が深いリスト表示になります。

```
:PHP|サーバサイドのスクリプト言語
:Apache|最も有名なウェブサーバ
::mod_php|apacheのPHPモジュール~
apacheと共に稼働するので高速です
::mod_fcgi|FastCGIのモジュール
```

PHP
サーバサイドのスクリプト言語

Apache
最も有名なウェブサーバ

mod_php
apacheのPHPモジュール
apacheと共に稼働するので高速です

mod_fcgi
FastCGIのモジュール

表組 ―― |

要素	ブロック要素
対応するHTML／CSS	<table> <tr> <td>
構文	| インライン要素 |

行頭に | を付け、インライン要素を | で囲んでいくと、表組みになります。行末にも | が必要です。

表組み内のインライン要素には、表組み内でのみ使える記述子があり、多様な表組みが行えるようになっています。

記述子	意味
LEFT	左寄せ
CENTER	センタリング
RIGHT	右寄せ
BGCOLOR(背景色)	背景色
COLOR(文字色)	文字色
SIZE(サイズ)	文字サイズ（ピクセル単位）

```
|表組みの              |各セルの要素の配置に  |関するサンプル                 |
|COLOR(crimson):左寄せ |CENTER:センタリング   |BGCOLOR(yellow):RIGHT:右寄せ |
|RIGHT:右寄せ          |左寄せ                |CENTER:センタリング           |
```

表組みの	各セルの要素の配置に	関するサンプル
左寄せ	センタリング	右寄せ
右寄せ	左寄せ	センタリング

セルの連結は~と>で指定できます。インライン要素に~だけを記述すると上のセルと連結し、>だけ記述すると左のセルと連結します。このセルにはスペースを入れることはできません。

Appendix A

```
|>|A|B|
|C|D|~|
```

▼

<table>
<tr><td colspan="2">A</td><td rowspan="2">B</td></tr>
<tr><td>C</td><td>D</td></tr>
</table>

CSV形式の表組 —— ,

要素	ブロック要素
対応するHTML／CSS	<table> <tr> <td>
構文	, インライン要素

, で始まり、インライン要素を **,** で区切っていくと表組みで表示されます。このデータには、他のインライン要素は解釈されず、すべてそのまま表示されます。この要素は、CSV形式のデータを表示するのに適しています。

```
,名前,かな,住所,メールアドレス
```

▼

名前	かな	住所	メールアドレス

左右中寄せ —— LEFT:、RIGHT:、CENTER:

要素	ブロック要素
対応するHTML／CSS	text-align:
構文	LEFT: インライン要素 RIGHT: インライン要素 CENTER: インライン要素

インライン要素を、右寄せ、センタリング、左寄せして表示します。標準では左寄せされていますので、通常は**RIGHT**か**CENTER**を使います。

```
CENTER:センタリング
RIGHT:右寄せ
```

▼

センタリング

右寄せ
1

引用文 ―― >

要素	ブロック要素
対応するHTML／CSS	<blockquote>
構文	> インライン要素

行頭に>を書くと、インライン要素を引用文として表示します。多くのブラウザでは、インデントして表示されます。

```
> 公表された著作物は、引用して利用できる。
> この場合において、その引用は、公正な慣行に合致するものであり、かつ、報道、批評、研究その他の引用の目的上正当な範囲内で行われるものでなければならない。
```

公表された著作物は、引用して利用できる。

この場合において、その引用は、公正な慣行に合致するものであり、かつ、報道、批評、研究その他の引用の目的上正当な範囲内で行われるものでなければならない。

整形済みテキスト

要素	ブロック要素
対応するHTML／CSS	<pre>
構文	インライン要素の前に半角スペースをあける

文字列の前に半角スペースをあけると、整形済みテキストとして扱われます。この整形済みテキストには、他のインライン要素は解釈されず、すべてそのまま表示されます。

多くのブラウザでは、固定幅フォントで表示されます。

```
 ここでは、固定幅フォントを使われることが多いので、アスキーアートも表示できます。
       ∧＿∧　　　／￣￣￣￣￣
     （　´∀｀）＜　オマエモナー
     （　　　　） ＼＿＿＿＿＿
       ｜ ｜　|
       （_＿）＿）
```

```
ここでは、固定幅フォントを使われることが多いので、アスキーアートも表示できます。
       ∧＿∧　　　／￣￣￣￣￣
     （　´∀｀）＜　オマエモナー
     （　　　　） ＼＿＿＿＿＿
       ｜ ｜　|
       （_＿）＿）
```

Appendix B　プラグインリファレンス

B-1　コミュニケーション型プラグイン

PukiWikiのプラグインの中で最も多く使われているのが、この「コミュニケーション型」プラグインに属するものでしょう。

Wikiの最大の問題は、ページを書き換えることの心理的な敷居の高さです。それを埋めるために、ページ内に掲示板のようなフォームを設置することで、Wikiを触ったことが無い人でも、気軽にコメントを残せるようになります。

Wikiに慣れている場合でも、ページ上で討論や議論などを行うために、掲示板型プラグインを活用することができます。

ページ追記型1行コメント欄 ―― comment

種類	ブロック型プラグイン
書式	#comment(*オプション*)

オプション	説明
above	入力した内容を#comment行の上に追加（デフォルト）
below	入力した内容を#comment行の下に追加
nodate	日付を自動挿入しない
noname	名前入力欄を表示しない

コメント入力フォームを表示します。この欄にコメントを記述して、「コメントを挿入」ボタンを押すと、#comment行の前もしくは後ろにコメントが挿入されます。このコメント入力フォームの中でもPukiWiki記法を使うことができます。もし挿入したコメントの内容を編集したい場合は、commentプラグインを設置しているページを編集します。

commentプラグインではいくつかのオプションを指定することができます。オプションを何も指定しなかった場合は、「above」が暗黙で指定されます。またオプションをコンマ（,）で区切ることで、複数のオプションを同時に指定することができます。

Appendix B

```
#comment
```

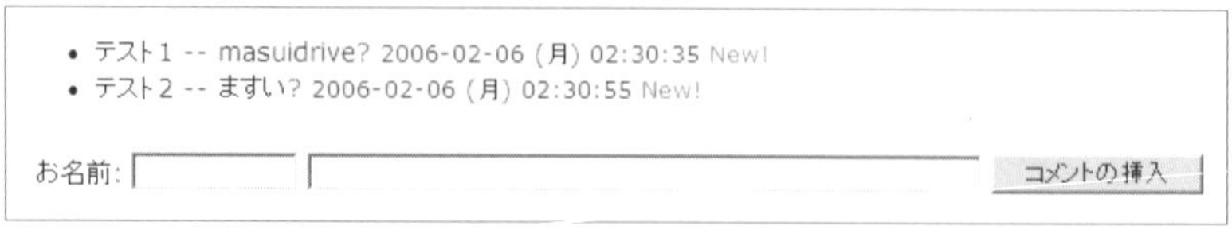

▼

- テスト1 -- masuidrive? 2006-02-06 (月) 02:30:35 New!
- テスト2 -- ますい? 2006-02-06 (月) 02:30:55 New!

お名前: [ ] [ ] [コメントの挿入]

```
#comment(below)
```

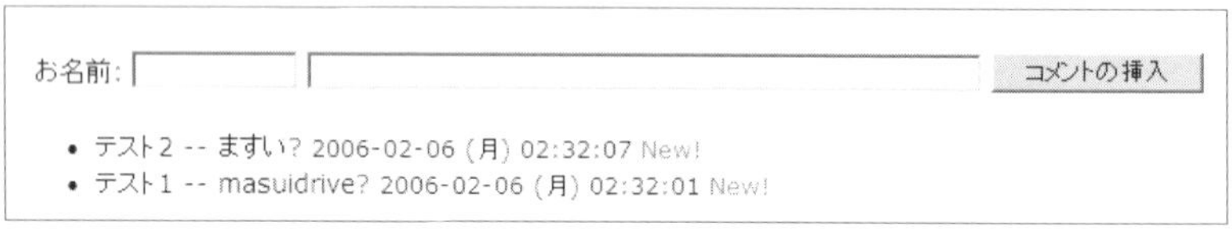

▼

お名前: [ ] [ ] [コメントの挿入]

- テスト2 -- ますい? 2006-02-06 (月) 02:32:07 New!
- テスト1 -- masuidrive? 2006-02-06 (月) 02:32:01 New!

```
#comment(nodate,noname)
```

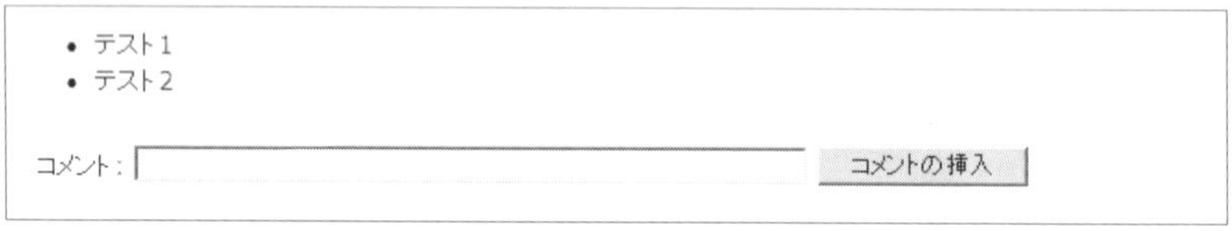

▼

- テスト1
- テスト2

コメント: [ ] [コメントの挿入]

別ページ保存型1行コメント欄 —— pcomment

種類	ブロック型プラグイン
書式	**#pcomment(***コメント記録ページ名***,** *表示件数***,** *オプション***)**

オプション	説明
above	入力した内容を **#pcomment** 行の上に表示（デフォルト）
below	入力した内容を **#pcomment** 行の下に表示
nodate	日付を自動挿入しない
noname	名前入力欄を表示しない
reply	返信用のラジオボックスを表示

コメント入力フォームを表示します。commentプラグインと同じように、「コメントを挿入」ボタンを押すと**#pcomment**行の前もしくは後ろにコメントが挿入されます。

しかしcommentプラグインと違い、挿入されたコメントは、第1引数のコメント記録ページで指定されたページに保存します。ページを指定しなかった場合は、「コメント/（プラグインを設置したページ名）」というページに記録されます。このページが存在しなかった場合、コメントを挿入したときに自動的に生成されます。

挿入されたコメントは、このページから最新の数件のみを取得して表示されます。この件数は引数で指定することができます。指定しなかった場合は最新の10件が表示されます。この件数は親コメントの件数で、返信の数は含みません。

オプションはcomment プラグインと同じものが指定できます。加えて「**reply**」というオプションを指定すると、返信のためのラジオボックスを表示します。特定のコメントに返信したい場合、そのコメントのラジオボックスをチェックしてコメントを挿入すると、そのコメント行の下に新しいコメントがぶらさがって表示されます。

pcommentプラグインは、コメントがたくさん挿入されてもページが読みにくくならないため、多くの場合commentプラグインより優れています。しかし、古いコメントを追いにくいという欠点や、別ページに保存していることを利用者がわかりづらいという欠点もあり、どちらも同じぐらい利用されています。

```
#pcomment
```

▼

最新の10件を表示しています。コメントページを参照

- テスト1 -- masuidrive? 2006-02-06 (月) 02:48:50 New!
- テスト2 -- ますい? 2006-02-06 (月) 02:49:06 New!

お名前: [　　] [　　　　] [コメントの挿入]

```
#pcomment(コメント/1,10,reply)
```

▼

Appendix B

最新の10件を表示しています。コメントページを参照

- テスト1 -- masuidrive? 2006-02-06 (月) 02:49:21 New!
  - テスト3 -- ますい? 2006-02-06 (月) 02:49:48 New!
- テスト2 -- ますい? 2006-02-06 (月) 02:49:38 New!

お名前:

コメントの挿入

コメント/1

http://mini.masuidrive.jp/projects/pukiwiki/index.php?%A5%B3%A5%E1%A5%F3%A5%C8%2F1

[トップ] [編集 | 凍結 | 差分 | バックアップ | 添付 | リロード] [新規 | 一覧 | 単語検索 | 最終更新 | ヘルプ]

- トップページ
- HTMLメモ
- プラグイン

最新の20件

2006-02-06

プラグイン/pcomment

- テスト1 -- masuidrive? 2006-02-06 (月) 02:49:21 New!
  - テスト3 -- ますい? 2006-02-06 (月) 02:49:48 New!
- テスト2 -- ますい? 2006-02-06 (月) 02:49:38 New!

「コメント/1」ページにコメントが記録される

簡易掲示板 —— article

種類	ブロック型プラグイン
書式	#article

一般的なスタイルの掲示板を表示します。記事を入力し「記事の投稿」ボタンを押すことで、フォームの下に挿入されます。記事の中にもPukiWiki記法を使うことができます。投稿時に全行末にチルダ(~)が挿入されるので、改行は入力内容のまま反映されます。

このプラグインにはオプションが無い代わりに、ソースファイルと言語ファイルを編集することで、項目名を変更したり、入力欄の大きさを変更することができます。また、投稿時に登録内容を管理者にメールで送信する機能もあります。これらの設定方法については、plugin/article.inc.php を参照してください。

```
#article
```

▼

お名前:
題名:
記事の投稿

テスト2†

ますい? (2006-02-06 (月) 03:02:31)

2回目の書き込みです。

お名前: コメントの挿入

テスト1†

masuidrive? (2006-02-06 (月) 02:53:00)

この書き込みはテストです。
本文にも、PukiWiki記法が?使えます。

改行は自動で行われます。

お名前: コメントの挿入

メモ入力用フォーム ―― memo

種類	ブロック型プラグイン
書式	**#memo(** *メモ* **)**

メモ用のテキストエリアを挿入します。このエリアにメモを入力して「メモ更新」ボタンを押すと、そのメモの内容が保存されます。

このメモは、commentプラグインやarticleプラグインのように入力した内容をページに挿入しません。その代わり入力フォーム内にメモを残します。ここには入力した内容がそのまま保持されるので、PukiWiki記法は使えません。また、入力フォームの大きさが固定されているので、たくさんのメモを残した場合にもページが長くならないという利点があります。

memoプラグインは、ページを作る際の一時的なメモなどを残すのに向いています。自分専用のPukiWikiなどの場合、トップページなどに置いて、ページを作るまでもないような一時的なメモを残すのに設置するとよいでしょう。

```
#memo
```

▼

この領域は何度でも書き換えれます。
PukiWiki記法は使う事ができません。
メモ更新

画像掲示板 —— paint

種類	ブロック型プラグイン
書式	**#paint(***縦*, *横***)**

この画像掲示板を使うには「BBSPainter」というJavaアプレットが必要になります。このアプレットは、BBSPainterのWebサイトからダウンロードできる配布ファイルに同梱されています。

URL

BBSPainter
http://www.geocities.co.jp/SiliconValley-SanJose/8609/java/bbspainter/

bbspainter_120.lzhもしくは**bbspainter_120.zip**というファイルをダウンロードして、解凍してください。**bbspainter**というディレクトリの中に**BBSPainter.jar**があります。このファイルを、**pukiwiki.ini.php**と同じディレクトリにアップロードしてください。

この準備ができていれば、ページ内に「**#paint**」と記述することで、画像サイズを指定するフォームと「paint」ボタンが表示できます。書きたい絵のサイズを指定して、ボタンを押すと、BBSPainterが起動し、絵を描くことができます。

画像ファイルは添付に保存されるので、適当なファイル名を付けてください。ファイル名には、画像形式に合わせて「**.jpg**」などの拡張子を付けてください。画像と同時に名前とコメントを残すこともできますが、これは必須ではありません。

```
#paint
```

▼

80 x 60 (最大 320 x 240) paint

このプラグインで使われているBBSPainterは、いくつかの環境では使えないことが確認されています。

URL

質問箱/217 #paintが動かない − PukiWiki-official
http://pukiwiki.sourceforge.jp/
「質問箱」→「217」

投票 —— vote

種類	ブロック型プラグイン
書式	**#vote(***選択肢1***,** *選択肢2***,** *選択肢3***,...);**

簡易型投票フォームを表示します。引数に並べた項目の投票を行います。この選択肢にもPukiWiki記法を使うことができます。投票結果は、選択肢の後ろに「**[投票数]**」という形でソースに保存されます。そのため選択肢にはブラケット（**[]**）を使うことはできません。

投票結果はプラグインを設置したページに保存されますので、誰でも投票数を自由に書き換えることができてしまいます。そのためこの投票は厳密なものではなく、あくまで補助的な数字として使うのがよいでしょう。

```
#vote(役に立った,そうでもなかった,使えなかった)
```

▼

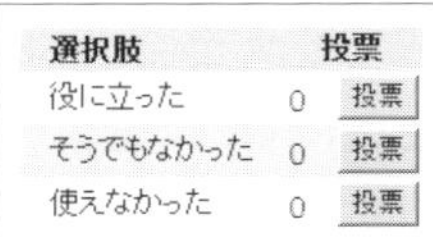

選択肢	投票	
役に立った	0	投票
そうでもなかった	0	投票
使えなかった	0	投票

B-2 情報整理型プラグイン

WikiはHTMLと同じように、ページ名を自由に決めることができます。そのため、blogのように自動でカテゴリ分けしてくれたり、カレンダーからリンクを張ってくれるというようなことはありません。ページの整理はすべて自分で行う必要があります。

しかし整理型プラグインを使うことで、ページを自動でカレンダーに貼り付けたり、ToDoページを1つのページにまとめるといったことができます。

例えばPukiWikiの開発の現場では、calendar2プラグインを使い、サイトに開発日記を書き、開発者同士が変更点などを確認し合っています。またtrackerプラグインを使い、機能の要望や、バグの修正などもすべてPukiWikiのみで管理されています。

このようにPukiWikiだけで、ソフトウエアの開発プロジェクトに必要なコミュニケーションツールがすべて揃ってしまいます。

カレンダーを表示 ―― calendar2

種類	ブロック型プラグイン
書式	#calendar2(*ベースページ名*, *ページ表示の有無*)

当月のカレンダーを表示します。カレンダーの日付には「ベースページ名/YYYY-MM-DD」の形式でリンクが貼られており、当日のページが存在した場合には、カレンダーの右側にその内容を表示します。

ベースページ名は、引数で指定しますが、無指定の場合、プラグインを設置したページ名になります。ページ名を指定するときには、BracketNameのページでも[[ ]]を付ける必要はありません。

カレンダー内の日付が太字の日は、該当するページが既にある日付です。日付の左右にある「<<」や「>>」のリンクをクリックすると、先月/翌月にジャンプします。そのジャンプ先のページには、カレンダーのみが表示されます。

例えば日々の記録を取っていくのであれば、「日記」というページを作り、そこに「calendar2」プラグインを設置します。そして、日記を書きたい日付をクリックし、その日付のページに日記を書いていくとよいでしょう。

予定帳とする場合には、未来の日付に書き込んでおけば、当日にそのページを見ると、右側に予定が表示されています。

右側のページの表示を行わないようにしたい場合には、引数の「ページ表示の有無」で「**off**」を指定してください。

```
#calendar2
```

```
#calendar2(カレンダー)
```

▼

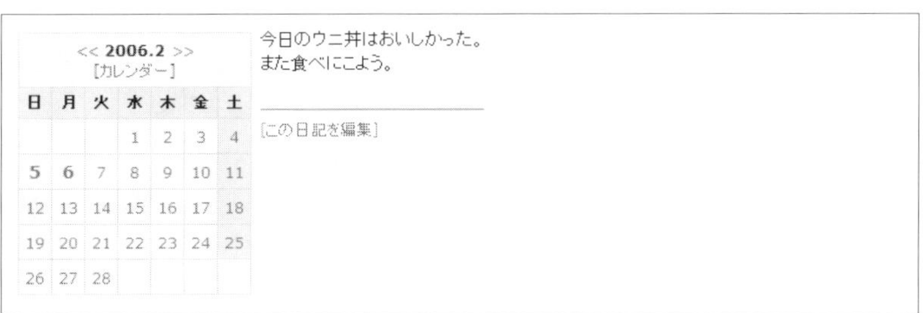

カレンダーで作られたページの内容を表示 ―― calendar_viewer

種類	ブロック型プラグイン
書式	**#calendar_viewer(**ベースページ名**,** 範囲指定**,** *表示モード***,** *年月日表示の区切り文字***)**

Appendix B

範囲指定	説明
YYYY-MM	指定年月を表示
数字	指定件数を表示
this	当月を表示

表示モード	説明
past	今日以前のページを表示（デフォルト）
future	今日以後のページを表示
view	すべて表示

calendar2プラグインで作ったページを一覧表示します。

calendar2プラグインでは当日の記事のみしか表示されず、複数の記事を見る場合には、日付のリンクを1つずつクリックしていく必要がありました。このcalendar_viewerプラグインでは、指定された範囲の記事を一覧表示します。

第1引数のベースページ名には、calendar2プラグインで指定したものと同じものを指定します。calendar2プラグインで指定しなかった場合、そのプラグインを設置したページを指定します。この項目は必須項目です。

第2引数の範囲指定には、一覧表示する範囲を指定します。「**YYYY-MM**」の形式で年月を指定した場合はその年月を、数字を指定した場合はその件数を、「**this**」を指定した場合には当月の記事を表示します。この項目は必須項目です。

第3引数では、表示モードを指定します。「**past**」を指定すると、当日より過去の記事のみ表示します。未来の記事があっても表示しません。日記や作業を記録を残している場合は、この指定がよいでしょう。「**future**」を指定すると、未来の記事のみ表示します。予定帳として使う場合にはこれを指定します。範囲指定で指定された記事を全部表示する場合には、「**view**」を指定してください。

第4引数の年月日表示の区切り文字には、日付の区切り文字を指定します。デフォルトではハイフン（-）が指定されています。calendar2プラグインは日付を「YYYYY-MM-DD」の形式で扱っているからです。他のプラグインなどで「YYYY/MM/DD」のようにスラッシュ（/）で区切る場合には、この引数に「/」を指定します。

```
#calendar_view(カレンダー,this)
```

▼

2006/2/6 (月)

今日のウニ丼はおいしかった。
また食べにこよう。

2006/2/5 (日)

今日は釧路でOSS関係の講習会。

飛び入りで話してきちゃいました。

カレンダーを表示 ── calendar、calendar_edit、calendar_read

種類	ブロック型プラグイン
書式	`#calendar`／`#calendar_edit`／`#calendar_read`

これらのプラグインは主にPukiWiki 1.3以前に使われていたプラグインです。いまは、より高機能なcalendar2プラグインがあるため、このプラグインは後方互換性のために残されています。

このプラグインとcalendar2プラグインの最大の違いは、記事の日付書式です。calendar2プラグインでは、「ベースページ名/YYYY-MM-DD」のように、日付をハイフン（-）で区切りますが、calendarプラグインでは、「ベースページ名/YYYYMMDD」のように、日付を区切りません。もしcalendarプラグインからcalendar2プラグインに移行する場合、これらのページ名をすべて変更する必要があります。

バグトラックの登録 ── bugtrack

種類	ブロック型プラグイン
書式	`#bugtrack(`*親ページ名*`,` *カテゴリ*`)`

ソフトウエア開発で使うバグ管理システム、バグトラックをPukiWiki上で実現します。このプラグインでは、バグトラックのうち登録フォームの表示を行います。項目は次ページの画像のようになってます。

通常では、このページは、bugtrackプラグインを設置したページの下位に作られていきます。プラグインのオプションでページを指定することで、親になるページ名を別のページにすることができます。

標準では、カテゴリは自由記入ですが、オプションでカテゴリを指定することで、選択式にすることができます。カテゴリは**#bugtrack(**ページ名**,**カテゴリ1**,**カテゴリ2**,**カテゴリ3**)**のように複数指定することができます。

```
#bugtrack(バグトラック)
```

▼

投稿者
カテゴリー
優先順位 低
状態 提案
ページ名 空欄のままだと自動的にページ名が振られます。
バージョン 空欄でも構いません
サマリ
メッセージ
追加

バグトラックの一覧表示 ―― bugtrack_list

種類	ブロック型プラグイン
書式	**#bugtrack_list(***親ページ名***)**

bugtrackプラグインで生成したバグトラックの一覧を、次ページの画像のように自動生成します。緊急度によって行の背景色が変わります。

ページ名を指定しなかった場合、このプラグインを設置したページの下位ページから一覧表を生成します。ページ名を指定すると、そのページの下位ページにあるページから一覧表を生成します。

TIPS

PukiWiki自体に、ページの階層という概念はありません。しかしスラッシュ（/）で区切ることで、擬似的にディレクトリのような階層構造を持つことができます。

```
#bugtrack_list(バグトラック)
```

ページ名	状態	優先順位	カテゴリー	投稿者	サマリ
バグトラック/1	提案	低	パワーアップ	masuidrive	NOSを装着しませんか

入力フォーム生成 ── tracker

種類	ブロック型プラグイン
書式	**#tracker(***定義名*, *親ページ名***)**

bugtrackプラグインのような、定型の入力フォームを表示します。ただし、bugtrackプラグインと違って、入力項目を自由に設定することができます。反面、bugtrackプラグインに比べて負荷が高いため、アクセス数の多いサイトや、スペックに余裕のないサーバを使っている場合は注意が必要です。

フォームの入力項目などは、「**:config/plugin/tracker/**定義名」ページで設定します。定義名を指定しなかった場合は「**default**」が使われますので、「**:config/plugin/tracker/default**」とその下位ファイルで定義します。これら入力項目もすべてPukiWiki記法で設定します。

定義名「**default**」の設定ファイルは下記の4つです。

設定ファイル	定義される内容
:config/plugin/tracker/default	入力項目の定義
:config/plugin/tracker/default/form	入力画面の雛形
:config/plugin/tracker/default/list	一覧表示の雛形
:config/plugin//tracker/default/page	アイテムページの雛形

これらのファイルでは共通してテーブルの書式設定、ヘッダ、フッタは無視されます。

:config/plugin/tracker/defaultファイルでは、入力項目を定義します。**default**では次のリストのように定義されています。

```
* fields
|項目名    |見出し    |タイプ   |オプション|デフォルト |h
|Proposer |投稿者    |page    |20      |anonymous
|Category |カテゴリー|select  |        |
|Severity |重要度    |select  |        |低
|Status   |状態      |select  |        |提案
|Version  |バージョン|text    |10      |
|Summary  |サマリ    |title   |60      |
|Messages |メッセージ|textarea|60,6    |

* Severity
|見出し|セルの書式              |h
|緊急  |BGCOLOR(#ff8080):%s
|重要  |BGCOLOR(#ffcccc):%s
|普通  |BGCOLOR(#cccccc):%s
|低    |BGCOLOR(#ffffff):%s

* Status
|見出し  |セルの書式              |h
|提案    |BGCOLOR(#ffccff):%s
|着手    |BGCOLOR(#ccccff):%s
|CVS待ち |BGCOLOR(#ffccff):%s
|完了    |BGCOLOR(#ccffcc):%s
|保留    |BGCOLOR(#ccddcc):%s
|却下    |BGCOLOR(#cccccc):%s

* Category
|見出し          |セルの書式              |h
|本体バグ        |BGCOLOR(#ffccff):%s
|本体新機能      |BGCOLOR(#ccccff):%s
|プラグイン      |BGCOLOR(#ccffcc):%s
|欲しいプラグイン|BGCOLOR(#ccffcc):%s
|サイト          |BGCOLOR(#ccddcc):%s
|その他          |BGCOLOR(#cccccc):%s
```

このページでは「***fields**」以下に、入力項目をテーブル形式で定義します。このうち「タイプ」が「**select**」のものは、選択式になるので、続いて項目名ごとの見出しで、その項目を設定します。

それ以外の3つの雛形ファイル（**form**、**list**、**page**）は、入力や表示の際に使われます。「**[ ]**」で括った部分が、その項目の入力欄や表示に置き換えられます。項目名以外に各雛形ごとに次の表のような、使用できる予約語があります。

予約語	意味
form ファイルで使用できる予約項目	
[_name]	記事を記録するページ名を入力する欄を表示。省略可。
[_submit]	「追加」ボタンを表示。
page ファイルと list ファイルで使用できる予約項目	
[_date]	投稿日時。
[_page]	実際に生成したページ名。ブラケットが付く。
[_refer]	**#tracker** を設置するページ。
[_base]	親ページ名。
[_name]	**form** ファイルの **[_name]** の内容そのもの。記事を記録するページ名の一部として使用する。
[_real]	ページ名のうち、最下層の部分。
list ファイルで使用できる予約項目	
[_update]	ページの最終更新日時。
[_past]	最終更新日時からの経過。

```
#tracker(default,トラッカー)
```

▼

フォームで入力したページを一覧表示 —— tracker_list

種類	ブロック型プラグイン
書式	**#tracker_list(***定義名***,** *親ページ名***,** *ソート***,** *表示件数***)**

trackerプラグインで生成したトラックページを、下の画像のように自動生成します。定義名で指定した雛形に沿って表示します。

親ページ名を指定しなかった場合、このプラグインを設置したページの下位ページから一覧表を生成します。ページ名を指定すると、そのページの下位ページにあるページから一覧表を生成します。

表示する順番は「ソート」で指定します。ソートの優先順位に従って項目名をセミコロン（**;**）で区切って指定します。「状態」→「優先順位」の順でソートする場合は、「**status;priority**」と指定します。また昇順か降順かを指定するために、項目名の後にコロン（**:**）を付けて、**ASC**（昇順）／**DESC**（降順）／**SORT_ASC**（昇順＋ユーザが変更可能）／**SORT_DESC**（降順＋ユーザが変更可能）を指定できます。

表示の最大件数を指定する場合には「表示件数」で指定してください。指定しなかった場合にはすべて表示されます。

```
#tracker_list(default,トラッカー)
```

ページ名	状態	重要度	カテゴリー	投稿者	サマリ
トラッカー/1	提案	低	本体新機能	anonymous?	考えただけでページが作れる機能

TIPS

PukiWiki自体に、ページの階層という概念はありません。しかしスラッシュ（/）で区切ることで、擬似的にディレクトリのような階層構造を持つことができます。

他のページを読み込み —— include

種類	ブロック型プラグイン
書式	#include(ページ名, オプション)

オプション	説明
title	ページ名を表示（デフォルト）
notitle	ページ名を表示しない

設置した位置に、他のページを読み込みます。これにより複数のページに細切れに書いたことを、見やすいように1つのページにまとめることができます。

このプラグインにはいくつかの制限があります。まず、1つのページ内で同じページを2回読み込むことはできません。また標準では、1つのページで読み込めるページ数は4つに制限されています。この制限は**plugin/include.php**で設定されていますので、このファイルを書き換えることで増やすことができます。

```
メモページを読み込みます。
#include(メモ)
終わり
```

メモページを読み込みます。

メモ

このページは、メモです。

終わり

他のサイトのRSSを整形して表示 ―― showrss

種類	ブロック型プラグイン
書式	#showrss(RSSのURL, *オプション*, *キャッシュ生存時間*, *更新日付表示*)

オプション	説明
default	タイトルを縦に並べて表示（デフォルト）
menubar	リスト形式で表示
recent	recentプラグインと同じ形式で表示

指定されたRSSを整形して表示します。これにより、PukiWikiを簡易RSSリーダにすることができます。またPukiWikiはプラグインによりRSSを出力することもできるので[B-1]、他のPukiWikiの更新情報を1つのPukiWikiにまとめて表示させることができます。

注［B-1］
「B-8 操作コマンド」のrss10プラグイン(222ページ）を参照してください。

「キャッシュ生存時間」は時間数で指定します。無指定の場合、RSSはキャッシュせずに表示時に常に取得します。1を指定すると、1時間に1度しかRSSを取得しません。また「更新日付表示」に1を指定すると、RSSを取得した時間を表示します。

RSSの対応バージョンは1.0のみですので、文字コードはASCIIかUTF-8のみ対応です。EUC-JPで書かれたものは表示できません。また、このプラグインを利用するには、PHPにXML拡張がインストールされている必要があります。

```
#showrss(http://kawara.homelinux.net/pukiwiki/↵
pukiwiki.php?cmd=rss10)
```

酒
MenuBar
コメント/FrontPage
ゆう
W-ZERO3
AirH
酒日記2006年1月
NDS
kawara/メモ
.2nd
BBS風プラグイン
RubyOnRails
ponta
コメント/Xbox360
PukiWiki練習

```
#showrss(http://kawara.homelinux.net/pukiwiki/
pukiwiki.php?cmd=rss10,recent)
```

2006-02-05

- 酒
- MenuBar
- コメント/FrontPage
- ゆう

2006-02-03

- W-ZERO3
- AirH
- 酒日記2006年1月

2006-02-02

- NDS

2006-02-01

- kawara/メモ

2006-01-31

- .2nd

2006-01-30

- BBS風プラグイン
- RubyOnRails

2006-01-28

- ponta

2006-01-27

- コメント/Xbox360
- PukiWiki練習

```
#showrss(http://kawara.homelinux.net/pukiwiki/
pukiwiki.php?cmd=rss10,menubar)
```

- 酒
- MenuBar
- コメント/FrontPage
- ゆう
- W-ZERO3
- AirH
- 酒日記2006年1月
- NDS
- kawara/メモ
- .2nd
- BBS風プラグイン
- RubyOnRails
- ponta
- コメント/Xbox360
- PukiWiki練習

B-3 ナビゲーション型プラグイン

Wikiはblogと違い、自由にページを作ることができます。そのため目的のページを探したり、管理者がユーザを誘導することが難しいという側面があります。初めてアクセスしてきたユーザは、そのサイトにどのような情報が掲載されているのか把握できず、さまよってしまいやすいといえます。

そこでPukiWikiでは、ユーザをナビゲーションするためのプラグインが、多数同梱されています。

「戻る」リンクを生成 ―― back

種類	ブロック型プラグイン
書式	**#back(***表示文字列***,** *表示位置***,** *水平線の有無***,** *戻り先***)**

表示位置	説明
left	左寄せ
center	中央（デフォルト）
right	右寄せ

水平線の有無	説明
0	水平線なし
1	水平線あり（デフォルト）

JavaScriptを使った「戻る」リンクを表示します。このプラグインで生成されたリンクをクリックすると、1つ前のページに戻ることができます。標準では「戻る」にリンクが貼られますが、第1引数の「表示文字列」を指定すると、別の文字に変えることができます。この表示文字列には、PukiWiki記法を使うことはできません。

また標準では「戻る」リンクは中央に表示されていますが、第2引数の「表示位置」を指定すれば、右寄せや左寄せにすることができます。さらに「戻る」リンクの上には区切りの水平線が表示されていますが、第3引数の「水平線の有無」に「0」を指定すれば、この水平線を消すことができます。

この「戻る」リンクを押した場合、標準ではJavaScriptを使って1つ前のページに戻りますが、第4引数の戻り先にURLを指定することで、そのURLへジャンプさせることができます。この戻り先にはWikiNameやBracketNameを使うことはできません。通常、この引数を使うことはありません。

```
#back
```

▼

[戻る]

```
#back(back)
```

▼

[back]

```
#back(引き返す,left)
```

▼

[引き返す]

ページジャンプ用フォームを表示 —— lookup

種類	ブロック型プラグイン
書式	**#lookup(**InterWikiName, *ボタンラベル*, *飛び先*)

ページジャンプ用のフォームを表示します。フォームにページ名を入力して「lookup」ボタンを押すと、第1引数のページにジャンプします。

例えば第1引数に「編集」を指定し、フォームに「ToDo」を入力して「lookup」ボタンを押した場合、「編集:ToDo」へジャンプします。これはInterWiki構文なので、InterWikiNameで指定されたルールに従って他のページにジャンプします。

PukiWikiでは、初期状態でいくつか便利なInterWikiNameが登録されています。これらのInterWikiNameを指定すると、ダイレクトジャンプ用のフォームを挿入したり、検索フォームを挿入することができます。

InterWikiName	ジャンプ先
新規	ページの新規作成
New	ページの新規作成
参照	ページを参照
View	ページを参照
編集	ページを編集
Edit	ページを編集
検索	ページを検索
Search	ページを検索

ボタンのラベルは第2引数の「ボタンラベル」で変更することができます。ここではPukiWiki記法を使うことはできません。第3引数の「飛び先」を指定した場合、フォームを表示したときにこの飛び先があらかじめ入力された状態になっています。

```
#lookup(参照, へジャンプ)
```

▼

参照: [ ] [へジャンプ]

```
#lookup(Search, サイト内検索)
```

▼

Search: [ ] [サイト内検索]

ページを一覧表示 ―― ls2

種類	ブロック型プラグイン
書式	#ls2(*キーワード*, *オプション*, *リンクラベル*)

オプション	説明
title	見出し行を表示
include	#include を行っているページを表示する
compact	タイトル表示をコンパクトにする
reverse	表示を降順
link	挿入した位置に一覧表示せずに、一覧表ページへリンク

第1引数の「キーワード」で指定された文字で始まるページを一覧表示します。無指定の場合は「現在のページ名/」が指定され、挿入したページより下の階層のページを表示します。

TIPS

PukiWiki自体に、ページの階層という概念はありません。しかしスラッシュ（/）で区切ることで、擬似的にディレクトリのような階層構造を持つことができます。

オプションでは、リスト表示の詳細を指定できます。通常では、ページ名のみ一覧表示されますが、「**title**」を指定することで、そのページ内の見出し行をすべて表示させることができます。同様に「**include**」を指定すると、そのページ内で行っている「**#include**」を同時に一覧表示します。

「**compact**」を指定するとリスト表示の階層がコンパクトに表示されます。一覧表示はアルファベットの昇順で表示されていますが、「**reverse**」を指定すると降順で表示されます。

```
#ls2(PukiWiki/1.4/Manual/Plugin)
```

- PukiWiki/1.4/Manual/Plugin
- PukiWiki/1.4/Manual/Plugin/A-D
- PukiWiki/1.4/Manual/Plugin/E-G
- PukiWiki/1.4/Manual/Plugin/H-K
- PukiWiki/1.4/Manual/Plugin/L-N
- PukiWiki/1.4/Manual/Plugin/O-R
- PukiWiki/1.4/Manual/Plugin/S-U
- PukiWiki/1.4/Manual/Plugin/V-Z

Appendix B

```
#ls2(PukiWiki/1.4/Manual/Plugin,title)
```

- PukiWiki/1.4/Manual/Plugin
  - プラグインマニュアル
    - プラグインマニュアルの凡例
- PukiWiki/1.4/Manual/Plugin/A-D
  - A
    - add
    - amazon
    - aname
    - article
    - attach
  - B
    - back
    - backup
    - br
    - bugtrack
    - bugtrack_list
  - C
    - calendar、calendar_edit、calendar_read
    - calendar_viewer
    - calendar2
    - clear
    - color
    - comment
    - contents
    - counter

階層化されたページの一覧表示 ―― ls

種類	ブロック型プラグイン
書式	#ls(タイトルの有無)

ls2プラグインと同じように、階層化されたページを一覧表示します。このプラグインでは、設置したページ以下の階層のページを一覧表示します。より高度なls2プラグインがあるため、このプラグインを使うことはあまりありません。主に互換性のために用意されています。

ページ間ナビゲーションメニューを表示 —— navi

種類	ブロック型プラグイン
書式	**#navi(***目次ページ***)**

階層構造を持ったページで、前後のページに移動する「Prev」／「Next」リンクと、ホームに戻る「Home」リンクを生成します。

例えば「TEST」と「TEST/1」と「TEST/2」という階層構造にある3つのページがあったとき、「TEST」ページに「**#navi**」を目次ページを指定しないで設置すると、その下位ページである「TEST/1」と「TEST/2」へのリンクが表示されます。

次に「TEST/1」ページと「TEST/2」ページに「**#navi(TEST)**」を設置することで、「Prev」／「Home」／「Next」というリンクが表示され、「TEST/1」ページで「Next」を押すと「TEST/2」ページへ、「TEST/2」ページで「Prev」を押すと「TEST/1」ページというようにページをめくるようなリンクを貼ることができます。

これを応用し、スキンファイルを変更すれば、簡単なプレゼンテーション用の資料を作ることなどができます。

```
#navi
```

```
#navi(test)
```

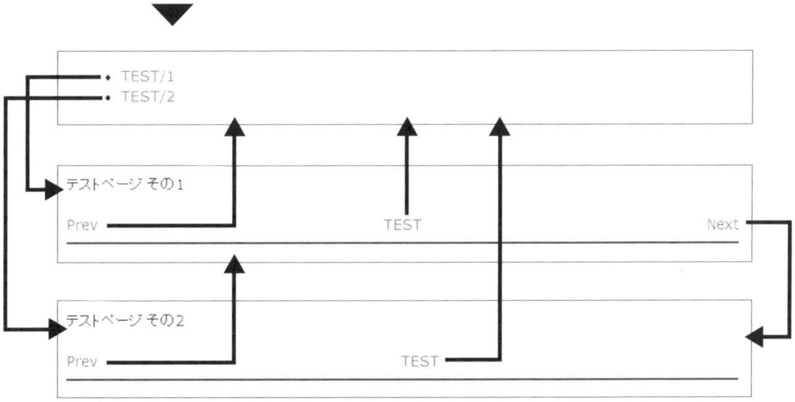

- TEST/1
- TEST/2

テストページ その1

Prev　TEST　Next

テストページ その2

Prev　TEST

ページ最下部の関連ページを表示しない —— norelated

種類	ブロック型プラグイン／インライン型プラグイン
書式	#norelated

ページ最下部にある「Link:」で表示される関連ページを、非表示にします。FrontPageなど、あまりにも多くのページから参照されているページなどで設置します。

```
#norelated
```

Last-modified: 2006-02-16 (木) 12:17:37 (0m)

Site admin: anonymous

PukiWiki 1.4.6 Copyright © 2001-2005 PukiWiki Developers Team. License is GPL.
Based on "PukiWiki" 1.3 by yu-ji. Powered by PHP 4.3.11. HTML convert time: 0.045 sec.

すべてのページで、関連ページを非表示にするには、**pukiwiki.ini.php**などで、下記のように設定します。

```
$related_link = 0;
```

ページ最下部の関連ページを表示する —— related

種類	ブロック型プラグイン／インライン型プラグイン
書式	#related

ページ最下部にある「Link:」で表示される関連ページを、表示します。標準ではこのプラグインを設置しなくても表示されますが、**pukiwiki.ini.php**の設定で関連ページを非表示にしている場合には、このプラグインを設置することで表示させることができます。

```
#related
```

▼

Link: プラグイン/ls/ページ3(3h) プラグイン/ls/ページ2(3h) プラグイン/ls/ページ1(3h)

MenuBarに別のページを表示 —— includesubmenu

種類	ブロック型プラグイン
書式	**#includesubmenu(*オプション*)**

オプション	説明
showpagename	ページ名を表示

表示するページによって、MenuBarの内容を切り替えます。

このプラグインを設置すると、次の順番で「SubMenu」ページを探し、表示します。

1. 表示中のページの下階層にある **SubMenu**（表示中のページ **/SubMenu**）
2. 表示中のページと同じ階層にある **SubMenu**
3. 1と2に該当するページがない場合は何も表示しない

このプラグイン自体は「MenuBar」ページの適当なところに設置して、追加したいメニューのある階層に「SubMenu」を設置するという使い方をお勧めします。

MenuBarの内容をすべてSubMenuに移してしまうという使い方もありますが、そうすると深い階層を作った場合に何も表示されない状態になってしまうことがあります。

例えば、次ページのように「**#includesubmenu**」を「MenuBar」ページの適当な場所に追加します。

```
- [[トップページ>FrontPage]]
- [[HTMLメモ]]
- [[プラグイン]]

#includesubmenu  ←この1行を追加

#recent(20)
```

ここで「プラグイン/**SubMenu**」ページには次のように記述します。

```
このページは、[[プラグイン/SubMenu]]です。

[[プラグイン]]用のサブメニューです。
```

この状態で「プラグイン」およびその一階層下にアクセスすると、次のようなSubMenu付きのMenuBarが表示されます。

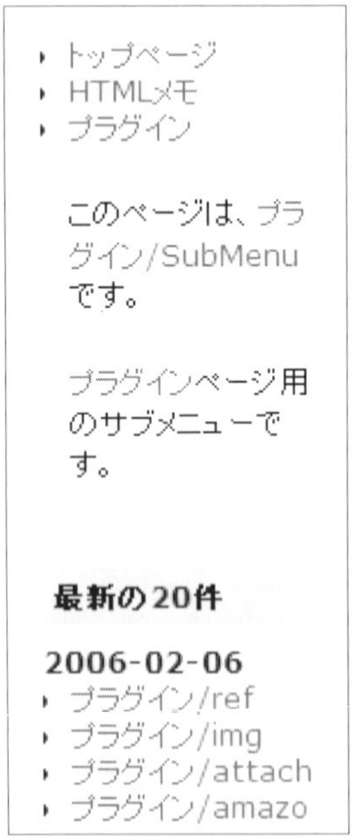

- トップページ
- HTMLメモ
- プラグイン

このページは、プラグイン/SubMenuです。

プラグインページ用のサブメニューです。

最新の20件

2006-02-06
- プラグイン/ref
- プラグイン/img
- プラグイン/attach
- プラグイン/amazo

SubMenu付きのMenuBar

- トップページ
- HTMLメモ
- プラグイン

最新の20件

2006-02-06
- TEST
- プラグイン/ref
- プラグイン/img
- プラグイン/attach
- プラグイン/amazon
- プラグイン/setlinebreak
- プラグイン/ruby
- プラグイン/size
- プラグイン/color
- プラグイン/version
- プラグイン/server
- プラグイン/lastmo

通常のMenuBar

ランダムにページへリンク —— random

種類	ブロック型プラグイン
書式	**#random(***リンクラベル***)**

設置したページの下位階層から、ランダムにページへのリンクを行います。第1引数のリンクラベルを指定しなかった場合、「[Ramdom Link]」という文字列に適当なページへのリンクが貼られます。

下位階層がない場合は、設置したページがまた表示されます。

```
#random
```

▼

[Random Link]

最近更新されたページ名を一覧表示 —— recent

種類	ブロック型プラグイン
書式	**#recent(***表示件数***)**

最近更新されたページを一覧表示します。表示する件数は第1引数で指定します。指定しなかった場合は、最新の10件が表示されます。

標準ではMenuBarで使用されています。Wikiのページは更新が多数のページで行われるので、MenuBarで更新内容を確認できるようにrecentプラグインを導入するのは必須といえます。

特に更新の多いサイトでは、初期値の10件では1日で表示があふれてしまうことがあるので、20件以上を指定するとよいでしょう。

```
#recent(20)
```

最新の20件

2006-02-06

- TEST
- プラグイン/ref
- プラグイン/img
- プラグイン/attach
- プラグイン/amazon
- プラグイン/setlinebreak

アクセス数の多いページ名を一覧表示 —— popular

種類	ブロック型プラグイン
書式	**#popular(***表示件数***,** *対象外ページ***,** *当日分のデータ***)**

counterプラグイン[B-2]が設置されたページの中で、アクセス数の多いページを一覧表示します。表示される件数は第1引数で指定できます。指定しない場合は10件表示されます。このランキングに含めたくないページは、第2引数の「対象外ページ」で指定できます。複数指定する場合は、「**SandBox,FrontPage**」のようにコンマ（**,**）区切りで指定してください。

注［B-2］
B-6（207ページ）を参照してください。

標準では過去からのアクセス数合計に基づいてランキングされますが、第3引数の「当日分のデータ」に「**true**」を指定すると、当日のアクセス数ランキングが表示されます。

```
#popular
```

人気の10件

- プラグイン/counter(123)
- FrontPage(32)
- プラグイン(23)
- PukiWiki(13)
- TEST/1(9)
- プラグイン/setlinebreak(1)
- プラグイン/ruby(1)
- プラグイン/amazon(1)
- プラグイン/size(1)
- プラグイン/attach(1)

サイトマップを表示 ―― map

種類	コマンド型プラグイン
書式	?plugin=map

パラメータ	説明
refer	起点となるページ
reverse	逆リンク一覧を表示（true を指定）

FrontPageを起点にして、サイトの構造を一覧表示します。FrontPageから辿れなかったページは、ページ下部の「Not related from FrontPage」の後に表示されます。この一覧表示には、まだ作成されていないページも含まれます。

標準ではFrontPageを起点にしますが、他のページを起点にする場合は「**refer**」パラメータで起点となるページを指定します。また「**reverse**」パラメータに「**true**」を設定すると、どこからリンクされているのかを一覧表示します。

```
http://example.jp/pukiwiki/index.php?plugin=map
```

Total: 81 page(s) on this site.

- +FrontPage
  - +HTMLメモ
  - +PukiWiki
    - +InterWiki
      - InterWikiName...
    - +InterWikiName
      - InterWiki...

⋮

- +InterWikiテクニカル
  - BracketName...
  - InterWiki...
  - InterWikiName...
  - MoinMoin?
  - PukiWiki...
  - WikiName...
  - +YukiWiki
    - PukiWiki...

リンクだけ張られ、まだ作られていないページを表示 —— yetlist

種類	コマンド型プラグイン
書式	?plugin=yetlist

WikiNameやBracketNameによってリンクは貼られているが、まだ作られてないページを一覧表示します。カッコの中はリンク元のページです。

```
http://example.jp/pukiwiki/index.php?plugin=yetlist
```

- 123 *(ToDo)*
- ActionPack *(Rails)*
- ActionWebService *(Rails)*
- ActiveMailer *(Rails)*
- ActiveRecord *(Rails)*
- AutoLink *(ToDo)*
- BracketName *(原稿)*
- ChaSen *(:config/PageReading/dict)*
- DocBook *(PukiWiki/1.4/Manual/Plugin/L-N)*
- FedoraCore *(Rails)*
- FodoraCore *(Rails)*
- FormatRule *(:config/PageReading)*
- GyuDon *(ToDo)*
- Help *(:config/PageReading)*
- InternetExplorer *(原稿)*
- JavaScript *(原稿 PukiWiki/1.4/Manual/Plugin/A-D)*
- LimitRequestBody *(PukiWiki/1.4/Manual/Plugin/A-D)*
- MASUIDrive *(ToDo)*
- MasuiDrive *(ToDo)*
- MayTheForceBeWithYou *(ToDo)*
- MoinMoin *(InterWikiテクニカル)*
- OpenSourceProjects *(Rails)*
- PHP *(:config/PageReading PukiWiki)*
- Present4You *(ToDo)*
- PresentForYou *(ToDo)*
- PukiWiki/ツアー *(PukiWiki/1.4/Manual/Plugin/S-U)*
- PukiWiki記法が *(プラグイン/article)*
- RealPlay *(:config/plugin/attach/mime-type)*
- RealWorldUsage *(Rails)*
- RoR *(ToDo)*
- RubyForge *(Rails)*

TouchGraph WikiBrowser用のファイルを生成 —— touchgraph

種類	コマンド型プラグイン
書式	?plugin=touchgraph

Wikiの構造を視覚化するTouchGraph用のデータを出力します。このプラグインで出力されたデータをJavaで書かれた「TouchGraph Wiki Brouser」で読み込むと、ページの関係がグラフ化して表示されます。

URL

TouchGraph Wiki Brouser
http://www.touchgraph.com/

しかしTouchGraphでは日本語のデータを扱えないため、日本のページ名などを含む場合は正しく表示されません。

Appendix B

B-4 装飾型プラグイン

Wikiの基本構文では、文字の大きさや色を変更することはできず、論理的な構造のみが記述できるようになっています。そのため、PukiWiki記法はHTMLなどに比べて、わかりやすく書きやすいという特徴があります。

しかし、サイトを作り進めていくと、さすがに単色のサイトでは味気がありません。そこで装飾型プラグインを使うことで、文字の色や大きさなどを変更し、自由度の高いページ作りが出来るようになっています。

文字色を変更 ―― color

種類	インライン型プラグイン
書式	`&color(`文字色`,` *背景色*`){`*文字列*`};`

中カッコ（`{ }`）で囲まれた文字列の、文字色と背景色を指定します。文字色・背景色ともに、CSS形式の色指定ができます。**`red`**／**`yellow`**などの名前による指定、**`#ff0`**のような16進数3桁の指定、**`#fa8723`**のような16進数6桁の指定が使えます。

この文字列の中には、さらにインライン型のプラグインを入れることができます。

```
文字を&color(gray){灰色};にします。

&color(#fff,#000000){背景色も変える事ができます。};
```

文字を灰色にします。

背景色も変える事ができます。

文字の大きさを変更 ―― size

種類	インライン型プラグイン
書式	**&size(**文字サイズ**){**文字列**};**

中カッコ（**{ }**）で囲まれた文字列の大きさを指定します。単位はピクセルです。

この文字列の中には、さらにインライン型のプラグインを入れることができます。

```
文字の大きさは&size(20){自由};に変える事ができます。

&size(20){入れ子&size(10){にする事も};できます。};
```

文字の大きさは自由に変える事ができます。

入れ子にする事もできます。

ルビを表示 ―― ruby

種類	インライン型プラグイン
書式	**&ruby(**ルビ**){**文字列**};**

中カッコ（**{ }**）で囲まれた文字列にルビを振ります。

このルビはHTMLの**ruby**タグによって表示されます。しかし**ruby**タグをサポートしているブラウザは、今のところInternet Explorerのみです。そのためFirefoxなど**ruby**タグをポートしないブラウザでは、文字列の後ろにカッコ（**()**）で囲んでルビを表示します。

```
ルビを&ruby(ふ){振};る&ruby(こと){事};ができます。
```

ルビを振(ふ)る事(こと)ができます。

Firefoxなどでは、下図のように見えます。

ルビを振(ふ)る事(こと)ができます。

アンカーを設定 —— aname

種類	インライン型プラグイン
書式	**&aname(**アンカー名**);**

ページ内部にリンクを貼るための「アンカー」を設定します。これによって、URLで「**.../index.php?FrontPage#content**」のように**#**の後を指定することができます。

改行を有効にする —— setlinebreak

種類	ブロック型プラグイン
書式	**#setlinebreak(**改行**)**

改行	説明
on	改行で改行を行う
off	改行は改行をしない
default	ページの初期値に戻す

PukiWikiでは、PukiWiki記法で書いた改行では改行されず、行末のチルダ(~)によって改行されます。このプラグインで「**on**」を指定すると、以後の段落で

PukiWiki記法での改行が、そのまま改行として扱われます[B-3]。このプラグインは1ページ内で何度でも使用することができます。

注［B-3］

サイト全体の設定は**pukiwiki.ini.php**の「**$line_break**」で行います。

```
標準では
改行は~で行います。

#setlinebreak(on)

標準では
改行は~で行います。
```

標準では改行は~で行います。

標準では
改行は~で行います。

ASIN番号からAmazonへリンクを行う ―― amazon

種類	ブロック型プラグイン／インライン型プラグイン
書式	**#amazon(***ASIN番号***,** *位置***,** *項目***)**、 **&amazon(***ASIN番号***)**

位置	説明
right	右寄せ（デフォルト）
left	左寄せ
clear	回り込み解除

項目	説明
タイトル	タイトルを表示（デフォルト）
image	書影を表示（デフォルト）
delete	キャッシュを削除
delimage	書影のキャッシュを削除
deltitle	タイトルのキャッシュを削除

指定したASIN番号の書影とタイトルを表示し、アマゾンの該当ページへリンクを行います。**plugin/amazon.inc.php**を編集することでアソシエイトに対応させることもできます。

リンクで使っている書影とタイトルは自動でキャッシュされます。アマゾン側の情報が変更された時は、項目の**delete**を使ってキャッシュを削除してください。標準では、書影は1日、タイトルは1年間キャッシュされます。

```
#amazon(4798106186)
#amazon(,clear)
```

▼

XOOPS入門——ひとが集まるWebをつくる。

```
翔泳社から出ている、&amazon(4798106186);がお勧め。
```

翔泳社から出ている、XOOPS入門——ひとが集まるWebをつくる。がお勧め。

すべての引数を省略すると、書評を書くためのフォームが表示されます。

```
#amazon
```

▼

ASIN: [　　　　] [レビュー編集] (ISBN 10 桁 or ASIN 12 桁)

B-5 添付系プラグイン

多くのサイトは、文字だけで構成されているのではなく、画像やムービー、他のバイナリファイルなど多くのフォーマットで構成されています。

しかしPukiWiki記法だけでは、文字情報しか扱うことができません。代わりに、PukiWikiではページにファイルを添付することができます。画像を表示したい場合は、ページに画像ファイルを添付し、ページからそれを呼び出すという形になります。

ファイル添付フォームを表示 —— attach

種類	ブロック型プラグイン
書式	#attach

ページにファイルを添付するためのフォームを表示します。同時に添付されているファイル名も表示されます。ファイルを添付するには「参照...」ボタンを押し、ファイルを選んだ後、「アップロード」ボタンを押します。

これはナビゲーションメニューの「添付」と同じものです。

```
#attach
```

▼

b_pukiwiki.official.png [詳細]

[添付ファイル一覧] [全ページの添付ファイル一覧]
アップロード可能最大ファイルサイズは 1,024KB です。
添付ファイル: [参照...]
管理者パスワード: [アップロード]

添付ファイルを展開 —— ref

種類	ブロック型プラグイン／インライン型プラグイン
書式	#ref(ファイル名,ページ,オプション,タイトル);

オプション	説明
left	左寄せ
center	中央
right	右寄せ（デフォルト）
wrap	テーブルタグで囲む
noicon	ファイルが画像以外の場合に表示されるアイコンを表示しない
画像ファイルでのみ使用するオプション	
noimg	ファイルが画像の場合に画像を展開しない
nolink	元ファイルへのリンクを行わない
around	テキストの回り込みを指定
999x999 [B-4]	サイズを指定
zoom	サイズの指定時に縦横比を保持する
999% [B-4]	拡大率を指定

注［B-4］
「999」の部分は任意で数値を入力してください。

attachプラグインなどでページに貼付したファイルについて、ファイルを示すアイコンとファイル名が表示され、その貼付ファイルへのリンクが張られます。

「ページ」を省略した場合、プラグインを設置したページから参照されます。続いて指定する「オプション」がアルファベットから始まるとき、ページ名を省略するにはコンマ（,）も省略してください。

```
#ref(pukiwiki.txt)
```

▼

pukiwiki.txt

指定されたファイルがPNGやJPEGなど画像ファイルの場合は、画像が展開されて表示されます。表示サイズなどはオプションで指定することができます。標準では表示された画像にはリンクが貼られていますが、クリックしても同じ画像が表示されるだけです。これを禁止するには、「**nolink**」オプションを指定してください。

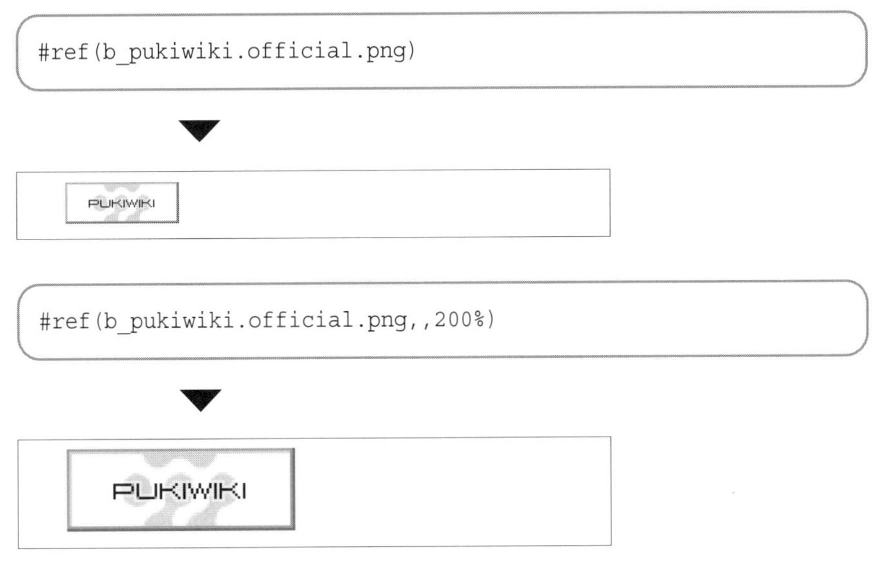
#ref(b_pukiwiki.official.png)
PUKIWIKI
#ref(b_pukiwiki.official.png,,200%)
PUKIWIKI

画像の周りにテキストを回り込ませたい場合、「**around**」オプションを指定します。この回り込みを終了させるには、この次に説明する「**#img**」プラグインを使用してください。

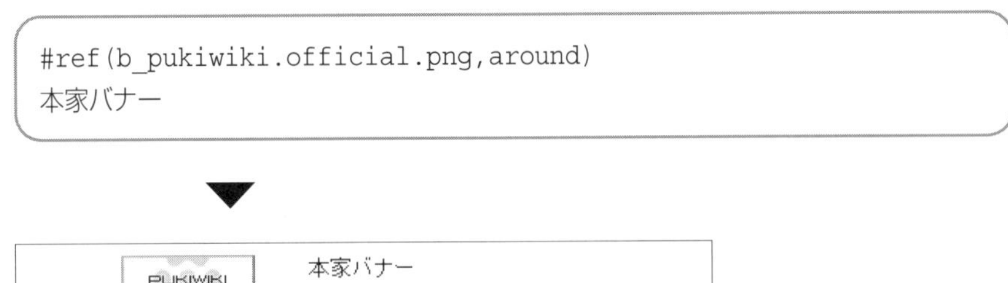
#ref(b_pukiwiki.official.png,around)
本家バナー
PUKIWIKI
本家バナー

画像へのテキストの回り込みを解除 ―― img

種類	ブロック型プラグイン
書式	#img(,clear)

imgプラグインは、画像埋め込みのためのプラグインです。しかし現在、画像の埋め込みはにimgプラグインではなく、refプラグインが推奨されています。

そのためimgプラグインは、refプラグインでテキストの回り込みを指定したときに、その回り込みを解除するために使われます。

```
#ref(b_pukiwiki.official.png,around)
本家バナー
#img(,clear)
自由に貼ってください
```

▼

本家バナー
自由に貼ってください

B-6 情報系プラグイン

PukiWikiがページ以外に持っている情報を表示するプラグインが、情報系プラグインです。アクセスカウンターやオンライン人数を簡単に把握するための情報系プラグインが、PukiWikiに同梱されています。

また各種バージョンの確認などもプラグインで行うことができます。ただし、これらのプラグインは必要以上の情報を利用者に与えてしまうため、もし必要がなければ削除してしまうことをお勧めします。

カウンターを表示 ―― counter

種類	ブロック型プラグイン／インライン型プラグイン
書式	#counter／&counter(*オプション*)

オプション	説明
total	参照数の累計を表示（デフォルト）
today	本日の参照数を表示
yesterday	昨日の参照数を表示

ページの参照数を表示するカウンターを設置します。

ブロック型プラグインの場合、参照数の累計を表示します。インライン型プラグインの場合、累計以外にもオプションで本日の参照数と昨日の参照数を表示させることができます。

```
#counter
今日のアクセス数は &counter(today);回、今まで全部で &counter(total);回。
```

```
Counter: 123, today: 11, yesterday: 32

今日のアクセス数は11回、今まで全部で123回。
```

このカウンターをすべてのページに設置したい場合は、MenuBarページに記述します。こうすることで、表示しているページのカウンターを、MenuBarの領域に表示させることができます。この場合、プラグインを設置しているのはMenuBarページですが、カウンターはメインのページのデータが表示されます。

またスキンを改造して、スキン内に埋め込むこともできます。

サイトを閲覧している人数を表示 —— online

種類	ブロック型プラグイン／インライン型プラグイン
書式	#online／&online;

サイトを閲覧している人数を表示します。

このプラグインを設置しているページに5分以内にアクセスしたIPアドレスの数を数えています。なるべく多くのページでアクセス数を記録するために、MenuBarページやスキンに設置してください。

```
#online
いま、&online;人ぐらいの人が見ているかも。
```

1

いま、1人ぐらいの人が見ているかも。

ページの最終更新時間を表示 —— lastmod

種類	インライン型プラグイン
書式	&lastmod(ページ名);

ページの最終更新時間を表示します。ページ名を指定しなかったときには、設置したページの最終更新時間を表示します。

```
このページの最終更新時間は、&lastmod;です。
```

このページの最終更新時間は、2006-02-06 (月) 06:38:01です。

サーバの情報を表示 —— server

種類	ブロック型プラグイン
書式	**#server**

Webサーバのホスト名、Webサーバのソフトウエア名、Webサーバの管理者メールアドレスを表示します。通常使うことはありません。削除することをお勧めします。**plugin/server.inc.php**を削除してください。

```
#server
```

▼

Server Name

Server Software
Apache

Server Admin

PukiWikiのバージョンを表示 —— version

種類	ブロック型プラグイン／インライン型プラグイン
書式	**#version／&version;**

PukiWikiのバージョン番号を表示します。

```
#version
このPukiWikiは&version;を使っています。
```

1.4.6

このPukiWikiは、1.4.6を使っています。

Appendix B

B-7 コマンド型プラグイン

コマンド型のプラグインは、使用するプラグインをURLで直接指定することで、そのプラグインのページを開きます。

コマンド型プラグインの多くは、管理用やスキンの作成時に使われます。例えば標準スキンに含まれているナビゲーションメニューの「編集」リンクは、スキンファイル上からeditプラグインへのリンクをしています。

パスワードを暗号化 —— md5

種類	コマンド型プラグイン
書式	?plugin=md5

pukiwiki.ini.phpの「**$adminpass**」などに記述される、暗号化されたパスワードを生成します。

```
http://example.jp/pukiwiki/index.php?plugin=md5
```

「Phrase」欄に暗号化したいキーワードを入れ、暗号化の種類を選択します。初期値では「PHP md5( )」が選択されています。もしお使いのPHPが4.3.0以上の場合は、より高度な暗号化が行える「PHP sha1( )」をお勧めします。

「Compute」ボタンを押すと、パスワードが暗号化されます。

Result

[トップ] [新規 | 一覧 | 単語検索 | 最終更新 | ヘルプ]

{x-php-sha1}9d4e1e23bd5b727046a9e3b4b7db57bd8d6ee684

Site admin: anonymous

注意！

このコマンドは、安全なネットワークの上で実行してください。プロバイダに設置したPukiWikiなどで実行した場合、その途中などで暗号化前のパスワードが漏れる危険性があります。可能であればローカルホストか、ローカルネットワーク上のPukiWikiで実行してください。

本体やプラグインのバージョンを表示 —— versionlist

種類	コマンド型プラグイン
書式	?plugin=versionlist

現在、インストールされているPHPファイルのバージョンを次ページのようにすべて表示します。

メンテナンス以外で使用することはありません。

Appendix B

```
http://example.jp/pukiwiki/index.php?plugin=versionlist
```

構成ファイルのバージョン一覧

[トップ] [新規 | 一覧 | 単語検索 | 最終更新 | ヘルプ]

filename	revision	date
./default.ini.php	1.23	2005/05/16 13:25:43
./en.lng.php	1.11	2005/06/15 15:57:11
./index.php	1.7	2005/10/02 15:28:47
./ja.lng.php	1.10	2005/06/15 15:57:11
./keitai.ini.php	1.24	2005/07/05 13:19:36
./pukiwiki.ini.php	1.128	2005/08/24 14:52:25
./pukiwiki.php	1.42	2005/10/02 15:28:47
./rules.ini.php	1.9	2005/10/04 13:41:03
lib/auth.php	1.19	2005/06/13 14:02:07
lib/backup.php	1.10	2005/09/24 01:05:49
lib/config.php	1.6	2005/04/29 11:24:20
lib/convert_html.php	1.16	2005/07/19 15:38:35
lib/diff.php	1.5	2005/04/30 05:21:00
lib/file.php	1.40	2005/10/04 13:41:03
lib/func.php	1.46	2005/07/03 15:09:27
lib/html.php	1.46	2005/10/04 13:41:03

⋮

filename	revision	date
plugin/tb.inc.php	1.21	2005/06/15 15:57:11
plugin/template.inc.php	1.21	2005/02/27 08:06:48
plugin/topicpath.inc.php	1.6	2005/01/29 14:31:04
plugin/touchgraph.inc.php	1.9	2005/09/24 01:30:08
plugin/tracker.inc.php	1.33	2005/10/05 13:57:35
plugin/tracker_list.inc.php	1.2	2005/01/23 08:30:14
plugin/unfreeze.inc.php	1.10	2004/12/18 01:24:21
plugin/update_entities.inc.php	1.9	2005/06/23 18:00:07
plugin/version.inc.php	1.8	2005/01/29 02:07:58
plugin/versionlist.inc.php	1.15	2005/01/29 02:12:52
plugin/vote.inc.php	1.23	2005/04/02 06:33:39
plugin/yetlist.inc.php	1.23	2005/06/18 10:44:00
skin/default.js	1.3	2005/05/01 02:43:27
skin/keitai.skin.php	1.14	2005/07/05 14:41:33
skin/pukiwiki.css.php	1.12	2005/10/12 13:06:27
skin/pukiwiki.skin.php	1.46	2005/05/23 14:22:30
skin/tdiary.css.php	1.6	2005/05/01 02:43:27
skin/tdiary.skin.php	1.28	2005/08/01 15:19:02
skin/trackback.js	1.3	2005/05/01 02:43:27

Site admin: anonymous

内部のリンクキャッシュをクリア —— links

種類	コマンド型プラグイン
書式	**?plugin=links**

内部で利用しているページのリンク情報のキャッシュを消去します。メンテナンス以外で使用することはありません。実行には、管理者パスワードが必要です。

HTMLの実体参照キャッシュを生成 —— update_entities

種類	コマンド型プラグイン
書式	**?plugin=update_entities**

内部で利用しているHTMLの実体参照キャッシュを生成します。メンテナンス以外で使用することはありません。実行には、管理者パスワードが必要です。

```
http://example.jp/pukiwiki/index.php?plugin=update_entities
```

キャッシュ更新

[トップ] [新規 | 一覧 | 単語検索 | 最終更新 | ヘルプ]

処理内容

文字実体参照にマッチする正規表現パターンのキャッシュを更新

PHPの持つテーブルおよびW3CのDTDをスキャンして、キャッシュに記録します。

処理対象

「not found.」と表示されたファイルは処理されません。

- php:html_translation_table
- w3c:xhtml-lat1.ent
- w3c:xhtml-special.ent
- w3c:xhtml-symbol.ent

実行

管理者パスワードを入力して、[実行]ボタンをクリックしてください。

管理者パスワード [実行]

B-8 操作コマンド

PukiWikiではモジュール化が進み、ページの新規作成や編集などもすべてプラグイン化されています。これらのプラグインはユーザが直接操作することは少なく、スキンやMenuBarからリンクして使います。

ページへの追加ページを表示 —— add

種類	コマンド型プラグイン
書式	**?plugin=add**

パラメータ	説明
page	ページ名

既存のページに内容を追加するフォームを表示します。

http://example.jp/pukiwiki/index.php**?plugin=add&page=TEST**

▼

バックアップの一覧を表示 —— backup

種類	コマンド型プラグイン
書式	?plugin=backup

パラメータ	説明
page	ページ名

ページのバックアップ一覧のページを表示します。ナビゲーションメニューの「バックアップ」と同じ機能です。通常はスキンからリンクが張られているので、ユーザが直接アクセスすることはありません。

```
http://example.jp/pukiwiki/index.php?plugin=backup&page=TEST
```

のバックアップ一覧

[トップ] [編集 | 差分 | バックアップ | 添付 | リロード] [新規 | 一覧 | 単語検索 | 最終

- バックアップ一覧
  - TEST のバックアップを削除
  - 1 (2006-02-06 (月) 05:06:56) [差分 | 現在との差分 | ソース]

Site admin: anonymous

ページ一覧を表示 —— filelist

種類	コマンド型プラグイン
書式	?plugin=filelist

次のlistプラグインと同じです。互換性のために提供されています。

ページ一覧を表示 —— list

種類	コマンド型プラグイン
書式	?plugin=list

サイト内のページ名を一覧表示します。ナビゲーションメニューの「一覧」と同じ機能です。通常はスキンからリンクが張られているので、ユーザが直接アクセスすることはありません。

削除されたページ一覧を表示 —— deleted

種類	コマンド型プラグイン
書式	?plugin=deleted

削除されたページ一覧を表示します。

PukiWikiではページを消したことがわかりにくいので、定期的にこの機能で削除されたページが増えていないか確認してください。

```
http://example.jp/pukiwiki/index.php?plugin=deleted
```

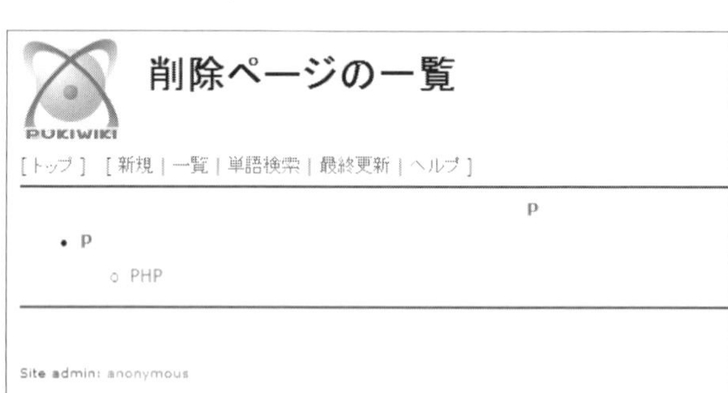

ページの差分を表示 —— diff

種類	コマンド型プラグイン
書式	?plugin=diff

パラメータ	説明
page	ページ名

ページの前のバージョンとの変更点を表示します。ナビゲーションメニューの「差分」と同じ機能です。通常はスキンからリンクが張られているので、ユーザが直接アクセスすることはありません。

```
http://example.jp/pukiwiki/index.php?plugin=diff&page=TEST
```

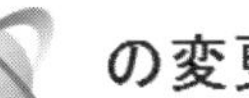

編集ページを表示 —— edit

種類	コマンド型プラグイン
書式	?plugin=edit

パラメータ	説明
page	ページ名

ページの編集画面を表示します。ナビゲーションメニューの「編集」と同じ機能です。通常はスキンからリンクが張られているので、ユーザが直接アクセスすることはありません。

```
http://example.jp/pukiwiki/index.php?plugin=edit&page=TEST
```

▼

ページの凍結画面を表示 ―― freeze

種類	コマンド型プラグイン
書式	?plugin=freeze

パラメータ	説明
page	ページ名

ページの凍結画面を表示します。ナビゲーションメニューの「凍結」と同じ機能です。通常はスキンからリンクが張られているので、ユーザが直接アクセスすることはありません。

```
http://example.jp/pukiwiki/index.php?plugin=freeze&page=TEST
```

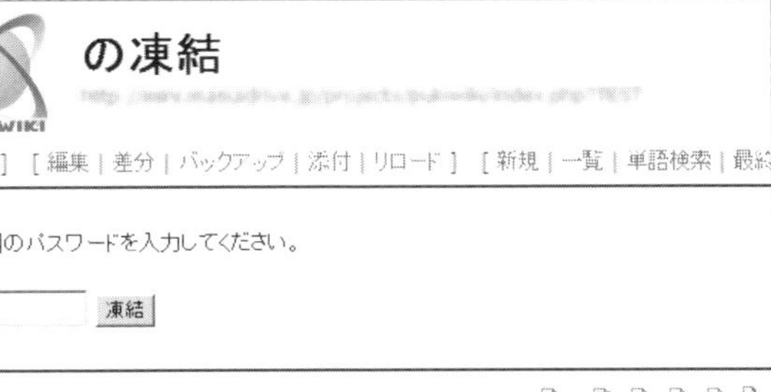

凍結解除のページを表示 ―― unfreeze

種類	コマンド型プラグイン
書式	?plugin=unfreeze

パラメータ	説明
page	ページ名

ページの凍結解除画面を表示します。ナビゲーションメニューの「凍結解除」と同じ機能です。通常はスキンからリンクが張られているので、ユーザが直接アクセスすることはありません。

```
http://example.jp/pukiwiki/index.php?plugin=unfreeze&page=TEST
```

▼

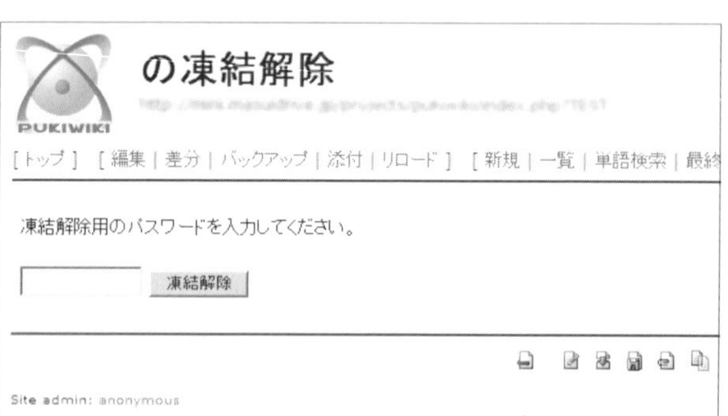

InterWikiで指定されたページにジャンプ —— interwiki

種類	コマンド型プラグイン
書式	?plugin=interwiki

InterWikiの内部で利用されます。通常、ユーザが直接アクセスすることはありません。

ページの新規作成画面を表示 —— newpage

種類	コマンド型プラグイン
書式	?plugin=newpage

ページの新規作成画面を表示します。ナビゲーションメニューの「新規」と同じ機能です。通常はスキンからリンクが張られているので、ユーザが直接アクセスすることはありません。

```
http://example.jp/pukiwiki/index.php?plugin=newpage
```

▼

ページ新規作成

PUKIWIKI

[トップ] [新規|一覧|単語検索|最終更新|ヘルプ]

ページ新規作成: [ ] 編集

Site admin: anonymous

ページを表示 ―― read

種類	コマンド型プラグイン
書式	**?plugin=read**

ページを表示する際に使用されます。通常はプラグインなどを指定しないでも、ページ名を直接**pukiwiki.php**に渡すことでページが表示されるので、使用することはありません。

ページ名を変更 ―― rename

種類	コマンド型プラグイン
書式	**?plugin=rename**

パラメータ	説明
refer	ページ名

ページ名の変更画面を表示します。画面下部のナビゲーションアイコンの「名前変更」と同じ機能です。通常はスキンからリンクが張られているので、ユーザが直接アクセスすることはありません。

この機能を使ってページ名を変更しても、リンク元のページ名のリンクは変更されません。しかしページのバックアップなどは保存されています。

RSS 1.0を出力 —— rss10

種類	コマンド型プラグイン
書式	?plugin=rss10

サイトの更新情報をRSS 1.0フォーマットで出力します。通常はスキンからリンクが張られているので、ユーザが直接アクセスすることはありません。

RSSアグリゲータと呼ばれるアプリケーションから読み込むことで、ブラウザでアクセスすることなく、サイトの更新情報を取得することができます。

RSS 0.91を出力 —— rss

種類	コマンド型プラグイン
書式	?plugin=rss

サイトの更新情報をRSS 0.91フォーマットで出力します。このプラグインは互換性のために残されています。通常はrss10プラグインを利用してください。

コラム

RSSのバージョン

blogで注目を集めたRSSですが、歴史は意外と古い規格です。

- **RSS 0.9**　1999年にNetscape社がポータルサービスでのコンテンツ集積のために規格化した。「RDF Site Summary」。
- **RSS 0.91**　バージョン0.9の改良で、RDFを用いないで独自のXMLで記述されたため「Rich Site Summary」と改名された。
- **RSS 1.0**　Netscape社がRSSから手を引いた後、「RSS-DEV」という開発者集団によって提案された、RDFベースで拡張性を重視したフォーマット。日本国内ではかなり普及している。
- **RSS 2.0**　1.0策定と平行して拡張された0.91後継をまとめる形でDave Winerが中心となって制定。「Really Simple Syndication」。

検索を行い、ページリストを表示 ―― search

種類	コマンド型プラグイン
書式	?plugin=search

サイト内からキーワードを使いページを検索します。通常はスキンからリンクが張られているので、ユーザが直接アクセスすることはありません。

```
http://example.jp/pukiwiki/index.php?plugin=search
```

ページのソースを表示 ―― source

種類	コマンド型プラグイン
書式	?plugin=source

パラメータ	説明
page	ページ名

指定されたページのソースを表示します。

HTMLで整形されたページではなく、次ページのようにPukiWiki記法で直接表示されます。

```
http://example.jp/pukiwiki/index.php?plugin=source&page=TEST
```

▼

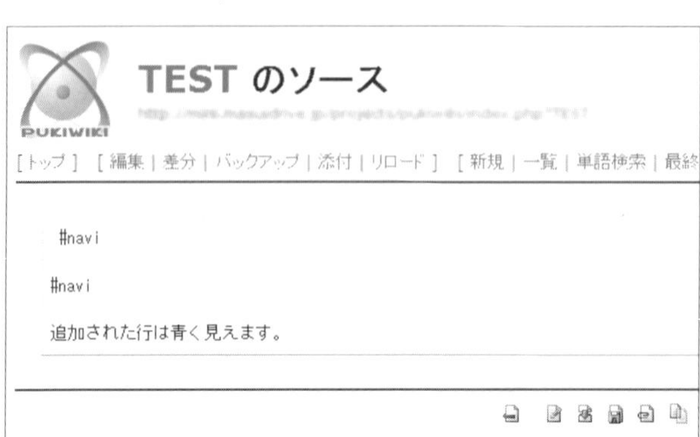

トラックバックを受け取る —— tb

種類	コマンド型プラグイン
書式	?plugin=tb

トラックバックを受信するプラグインです。通常はスキンからリンクが張られているので、ユーザが直接アクセスすることはありません。

標準ではトラックバックは有効になっていません。この機能を使う場合には、**pukiwiki.ini.php** で「**$trackback = 1;**」を指定し、トラックバックを有効にする必要があります。

既存のページを読み込んで、新規ページを作成 —— template

種類	コマンド型プラグイン
書式	?plugin=template

パラメータ	説明
refer	ページ名

referで指定したページの一部をコピーして、新規ページ作成画面を表示します。通常の新規作成ページと違い、元になるページの全文ではなく、先に範囲を指定するのが特徴です。

```
http://example.jp/pukiwiki/index.php?plugin=template&refer=TEST
```

▼

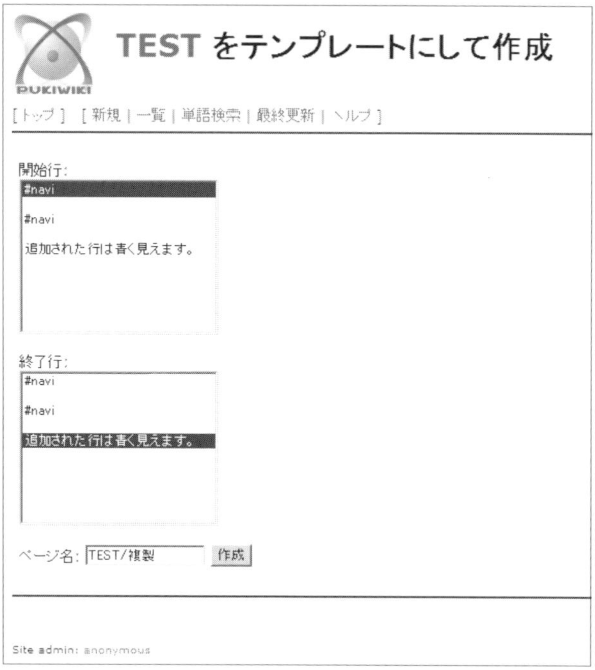

Appendix C 携帯アクセスのためのTIPS

PukiWikiは同じアドレスで携帯からのアクセスにも対応しています。また、いくつかのフェイスマークにも対応しています。携帯自体は、あまり長いコンテンツを見ることには不向きですが、ちょっと外出先から見たり編集したりしたいときに便利なこともあります。

ただしパッケージのままだと画像が見えないので、携帯からでも画像が見えるように機能を追加してみましょう。

C-1 携帯での画像の表示

携帯に画像を表示するため、**skin/keitai.skin.php**の28行目あたりに、リストC-1のようにコードを追加および削除します。

リストC-1
携帯に画像を表示するための修正

```
削除 | // Shrink IMG tags (= images) with character strings
削除 | // With ALT option
削除 | $body = preg_replace('#(<div[^>]+>)?(<a[^>]+>)?<img[^>⬅
     | ]*alt="([^"]+)"[^>]*>(?(2)</a>)(?(1)</div>)#i', ⬅
     | '[$3]', $body);
削除 | // Without ALT option
削除 | $body = preg_replace('#(<div[^>]+>)?(<a[^>]+>)?<img[^>⬅
     | ]+>(?(2)</a>)(?(1)</div>)#i', '[img]', $body);
追加 | // STEP1: Delete comment lines
追加 | $body = preg_replace('#<!(?:--[^-]*-(?:[^-]+-)*?-(?:⬅
     | [^>-]*(?:-[^>-]+)*?)??)*(?:>|$(?!\n)|--.*$)#', '', $body);
追加 | // STEP2: Delete <del> tag
追加 | $body = preg_replace('#(<del>)([\w\W]*)(</del>)#i', ⬅
     | '', $body);
追加 | // STEP3: Paragraph edit to pen-emoji(for Docomo)
追加 | $body = preg_replace('#(<div[^>]+>)?(<a[^>]+>)?<img[^>⬅
     | ]*alt="Edit"[^>]*>(?(2)</a>)(?(1)</div>)#i', '&#63826;',⬅
     | $body);
追加 | // STEP4: Show image for STEP7
追加 | $body = preg_replace('#<img([^>]*)title="keitai"[^>]*⬅
     | >#i', '<PWimg $1>', $body);
```

```
追加 // STEP5: With ALT option
追加 $body = preg_replace('#(<div[^>]+>)?(<a[^>]+>)?<img[^>⏎
     ]*alt="([^"]+)"[^>]*>(?(2)</a>)(?(1)</div>)#i', '[$3]',⏎
     $body);
追加 // STEP6: Without ALT option
追加 $body = preg_replace('#(<div[^>]+>)?(<a[^>]+>)?<img[^>⏎
     ]+>(?(2)</a>)(?(1)</div>)#i', '[img]', $body);
追加 // STEP7: Show image(from STEP4)
追加 $body = preg_replace('#<PWimg#', '<img', $body);
```

プラグインの修正

また**plugin/ref.inc.php**を以下のように改造します。

・38行目付近

```
追加 // 携帯電話での小さい画像は直接表示
追加 define('PLUGIN_REF_MOBILE_SIZE', 128);
```

・225行目付近

```
             $title = $url = $url2 = $info = '';
削除         $width = $height = 0;
追加         $rawwidth = $rawhright = $width = $height = 0;
             $matches = array();
```

・245行目付近および280行目付近

```
                                 if (is_array($size)) {
削除                                 $width  = $size[0];
削除                                 $height = $size[1];
追加                                 $rawwidth  = $width  = $size[0];
追加                                 $rawheight = $height = $size[1];
                                     $info   = $size[3];
                                  }
```

・350行目付近

```
削除                $params['_body'] = "<img src=¥"$url¥" ⏎
     alt=¥"$title¥" title=¥"$title¥" $info/>";
削除                if (! $params['nolink'] && $url2)
削除                        $params['_body'] = "<a href=¥"⏎
     $url2¥" title=¥"$title¥">{$params['_body']}</a>";
追加                if (UA_PROFILE == 'keitai' && defined(⏎
     'PLUGIN_REF_MOBILE_SIZE') && PLUGIN_REF_MOBILE_SIZE > 0) {
追加                        if ($rawwidth > 0 && $rawheight ⏎
     > 0 && $rawwidth <= PLUGIN_REF_MOBILE_SIZE && ⏎
     $rawheight <= PLUGIN_REF_MOBILE_SIZE) {
追加                                $params['_body'] = "<img ⏎
     src=¥"$url¥" alt=¥"$title¥" title=¥"keitai¥" $info/>";
追加                        } else {
追加                                $params['_body'] = "⏎
     <a href=¥"$url¥" title=¥"keitai¥">[PHOTO:$title]<a>";
追加                        }
追加                } else {
追加                        $params['_body'] = "<img src=¥"⏎
     $url¥" alt=¥"$title¥" title=¥"$title¥" $info/>";
追加                        if (! $params['nolink'] && $url2)
追加                                $params['_body'] = "<a ⏎
     href=¥"$url2¥" title=¥"$title¥">{$params['_body']}</a>";
追加                }
```

画像の表示例

この改造で携帯からでも画像が見えるようになります。ただし主要携帯3メーカーで表示できる形式が違いますのでご注意ください[C-1]。

注［C-1］

2005年の機種では、DoCoMoはJPEGとGIF、auとvodafoneがJPEGとPNGのみ対応。

図C-1

PCからアクセスした画面

図C-2

iモードからアクセスした画面[C-2]

注［C-2］

この画面は「iモードHTMLシミュレータIIバージョン3.1」を使用。

C-2 QRコードを表示して携帯からアクセスしやすく

最近の携帯には「QRコード」機能が標準搭載されていて、携帯電話からのアクセスが行いやすくなっています。PukiWikiでもQRcodeプラグインを利用することによって、情報を手軽に持っていくことが可能になります。

URL

QRcodeプラグイン
`http://pukiwiki.cafelounge.net/plus/?Plugin/qrcode.inc.php`

QRcodeプラグインを利用すると、図C-3のようにQRコードを表示できます。

図C-3
QRcodeプラグインの表示例

QRcodeプラグインの使い方

QRコードが画面の右下に常に表示されるように、QRcodeプラグインをスキンに埋め込むようにしましょう。**skin/pukiwiki.skin.php**の279行目付近を、リストC-2のように修正します。

リストC-2
スキンにQRcodeプラグインを埋め込む

```
     <div id="footer">
追加 <div id="qrcode">
追加 <?php
追加   if (exist_plugin_inline('qrcode')) {
追加     $qr_page = str_replace('%', '%25', $r_page);
追加     echo plugin_qrcode_inline(1, $script . '?' . $qr_page);
```

```
追加 |     }
追加 | ?>
追加 | </div>
     |   Site admin: <a href="<?php echo $modifierlink ?>">⬅
     | <?php echo $modifier ?></a><p />
```

QRコードの表示例

リストC-2のコードを追加したPukiWikiサイトにアクセスすると、図C-4のように画面右下にQRコードが常に表示されます。このソースコードでは、そのページ自身のURLを指すQRコードが生成されます。

図C-4

スキンに埋め込まれたQRcode

これで、あなたのページに携帯からアクセスすることができるようになりました。携帯から編集することも可能になります。

携帯から使用できると、利用方法の幅が広がります。ちょっとしたメモは携帯から書き込んで、後でPCからゆっくり整理するといったことができるようになります。またPukiWikiで携帯サイトそのものを作成することも可能になります。

PukiWiki変数

ブロック型プラグイン

インライン型プラグイン

記号

A

B

C

D

E

F

G

H

I

J

K

L

M

N

O

P

Q

R

S

T

U

V

W

X

Y

ア行

カ行

サ行

タ行

ナ行

ハ行

マ行

ヤ行

ラ行

著者紹介

増井　雄一郎（ますい　ゆういちろう）

気がつけば30歳になっていた札幌在住のフリープログラマー＆テクニカルライター。

意外だと言われるが文系大学出身。高校時代からアルバイトでプログラムを始め、以後コンピュータ漬けの生活を送る。今でも起きたら5分後にPCに向かい、風呂用のPCを持ち、寝る直前までPDAを触るコンピュータ漬けを元SEの妻と送る。何時も昼夜逆転。

2002年に、yu-jiさんが作ったPukiWikiを見つけて一目惚れ。いろいろ改造しているうちに皆でハックすれば楽しいと思い、yu-jiさんに許可を取り、Developers Teamとサイトを構築。スゴイ人が続々と参加し、以後ほぼ1ユーザとして便利にPukiWikiを使っている。

最近は、ソーシャルネットワーク、Ajax、Ruby on Railsなど流行りの技術を追いかけている。

http://masuidrive.jp/

天野 龍司（あまの りゅうじ）

夜中でもサングラスをかけて街を歩く怪しいPHPプログラマ。愛知県三河地方出身。

某ローカルFM局のIT情報番組でWikiを紹介するためにPukiWikiをデモ用に設置したのがPukiWikiとのつきあいのはじまり。ページ作成やプラグインによる機能拡張を手軽にできるのが気に入り、PukiWikiにはまっていく。プラグイン改造をしながらPHPプログラミングを覚え、今はPHPプログラマ。PukiWikiに足を向けて寝られませんっ。

共著書に『XOOPS入門』（2004年、翔泳社）

ryuji@ryuji.be

http://ryuji.be/

大河原　哲（おおかわら　さとし）

某CGプロダクションでIT便利屋稼業に勤しむ三十路。東京都出身＆在住。

専門学校の学生時代にLinuxに興味を持ち、自作PC道に踏み込んで、気が付いたらWindows使いになっていたヒト。業務で覚えたWebプログラミングでPHPと出会い、YukiWikiで日本語が使えるWikiを知り、PukiWikiで本格的にハマる。PukiWikiを業務で生かしたいと思い始めarticleプラグインを書いたら、増井さんに誘われてPukiWiki開発チームの旗揚げ立ち会うことになる。熱しやすく冷めやすいながらも、PukiWikiとは5年目の付き合いになっていて、感慨深い今日この頃。

o_kawara@yahoo.co.jp

http://kawara.homelinux.net/pukiwiki/pukiwiki.php

miko

千葉県出身、東京都在住。

さまざまな企業でシステムコンサルティングから設計・構築、Webサイトの構築、LANの配線までIT関連の何でも屋をしているかたわら、オープンソース系ではあちこちで小さなパッチやコメントをしている。

趣味であるボードゲーム「モノポリー」や「カタン」のコミュニティサイトのリニューアルをするときにベースとしてPukiWikiを採用。使い出したら自らプラグインの作成やパッチを提出するようになる。また、サイトのためにドイツ語も表示できたらいいなぁと思ったら、いつのまにか派生物の「国際化版PukiWiki（PukiWiki Plus!）」まで作成するようになってしまいました。

美味しいもの大好きなので、Wikiを通じておしえてください（笑

miko@cafeterrace.com

http://cafelounge.net/

スタッフ
装　丁　　uya（藤原キョーコ）
DTP　　山口良二
編　集　　毛利勝久十佐野あさみ（翔泳社）

Pukiwiki入門 ―― まとめサイトをつくろう！

2006年4月12日 初版第1刷発行

著　　者　増井 雄一郎（ますい ゆういちろう）
　　　　　天野龍司（あまの りゅうじ）
　　　　　大河原 哲（おおかわら さとし）
　　　　　miko（みこ）

発 行 人　速水浩二
発 行 所　株式会社翔泳社（http://www.seshop.com/）
印刷・製本　大日本印刷株式会社

ISBN4-7981-0922-3　　Printed in Japan